Zhongguo Tese Qiye Xinxing Xuetuzhi Peixun Jiaocai

中国特色企业新型学徒制培训教材

电工基础

（机械类）

人力资源社会保障部教材办公室　组织编写

本书编审人员

主　编：谢京军

副主编：关开芹

参　编：洪　宇

中国劳动社会保障出版社

内容简介

本书是中国特色企业新型学徒制培训教材机械类专业基础课程教材中的一种，主要内容包括简单直流电路、正弦交流电路、供电与安全用电、电动机及其基本控制线路、常用电子元件和简单电子线路。

本书适用于各类企业与职业院校、职业培训机构、企业培训中心等教育培训机构开展中国特色企业新型学徒制培训，也适用于企业岗位技能培训和就业技能培训。

图书在版编目（CIP）数据

电工基础：机械类 / 人力资源社会保障部教材办公室组织编写. -- 北京：中国劳动社会保障出版社，2022

中国特色企业新型学徒制培训教材

ISBN 978-7-5167-5609-6

Ⅰ. ①电… Ⅱ. ①人… Ⅲ. ①电工 - 教材 Ⅳ. ①TM1

中国版本图书馆 CIP 数据核字（2022）第 198969 号

中国劳动社会保障出版社出版发行

（北京市惠新东街 1 号　邮政编码：100029）

*

北京市白帆印务有限公司印刷装订　　新华书店经销

787 毫米 ×1092 毫米　16 开本　10.25 印张　206 千字

2022 年 12 月第 1 版　　2024 年 7 月第 2 次印刷

定价：29.00 元

营销中心电话：400-606-6496

出版社网址：http://www.class.com.cn

前　　言

为贯彻《关于加强新时代高技能人才队伍建设的意见》文件精神，落实《关于全面推行中国特色企业新型学徒制　加强技能人才培养的指导意见》（人社部发〔2021〕39 号）有关要求，适应规范化、标准化、制度化开展企业新型学徒制培训对教材的需求，建立完善适应新时代企业新型学徒制培训需求的高质量教学资源体系，人力资源社会保障部教材办公室组织有关行业、企业、院校和培训机构的专家编写了中国特色企业新型学徒制培训教材。

中国特色企业新型学徒制培训教材依据国家职业技能标准、职业培训课程规范等进行开发。以培养劳模精神、劳动精神、工匠精神为引领，主动对接学徒生产实际，强化职业道德、职业素养及职业能力培养，积极适应产业变革、技术变革、组织变革和企业技术创新等需求。以工作过程、学习行动、问题解决为导向，有机融合理论培训与实践培训内容，贴近学徒实际水平、贴近企业实际需要、贴近岗位工作现场。

中国特色企业新型学徒制培训教材包括通用素质课程教材和专业基础课程教材两类。其中，通用素质课程教材注重对学徒综合素质和可迁移技能的培养，促进其具备良好职业道德、职业素养及职业能力，能够安全胜任岗位工作；专业基础课程教材注重对学徒专业基础知识和基本技能的培养，促进其适应有关职业（工种）技能的学习。

首批开发的中国特色企业新型学徒制培训教材依据通用素质课程培训大纲、机械类专业基础课程培训大纲、电工电子类专业基础课程培训大纲、汽车类专业基础课程培训大纲编写，具体包括《劳模精神　劳动精神　工匠精神》等 9 种通用素质课程教材，以及机械类、电工电子类、汽车类等专业大类的 10 种专业基础课程教材。

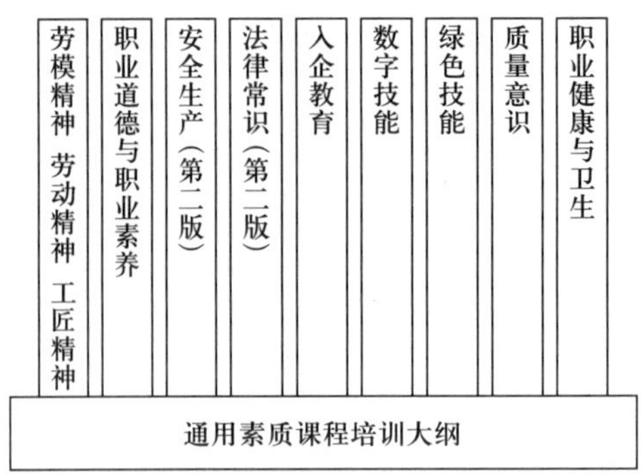

通用素质课程教材体系

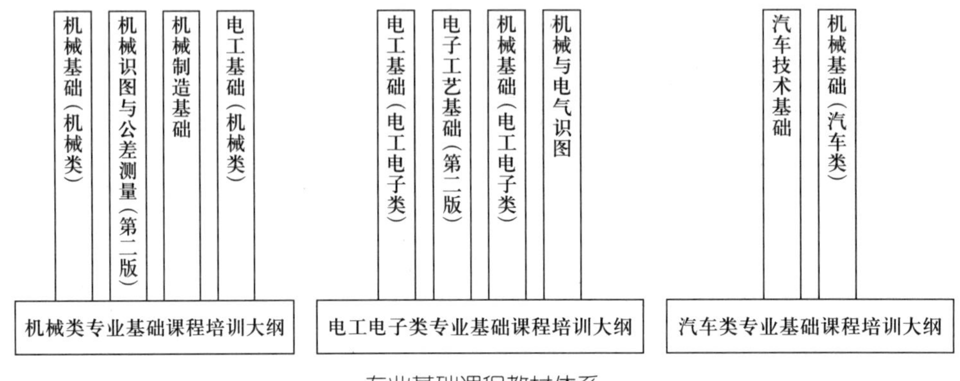

专业基础课程教材体系

本教材是开展中国特色企业新型学徒制培训的重要教学资源。主体读者对象为参加企业新型学徒制机械类职业培训人员，也适用于相关职业技能培训人员。

本教材由谢京军担任主编并负责全书统稿，由关开芹担任副主编，洪宇参加编写。其中，第 1 章由洪宇编写，第 2 章和第 4 章由关开芹编写，第 3 章和第 5 章由谢京军编写。本教材在开发过程中得到了北京、内蒙古、辽宁、浙江、山东、河南、广东、重庆、陕西等地人力资源社会保障厅（局）及相关学校、企业、培训机构的大力支持与协助，在此一并表示衷心的感谢。欢迎读者对完善本教材提出宝贵意见。

人力资源社会保障部教材办公室

目录

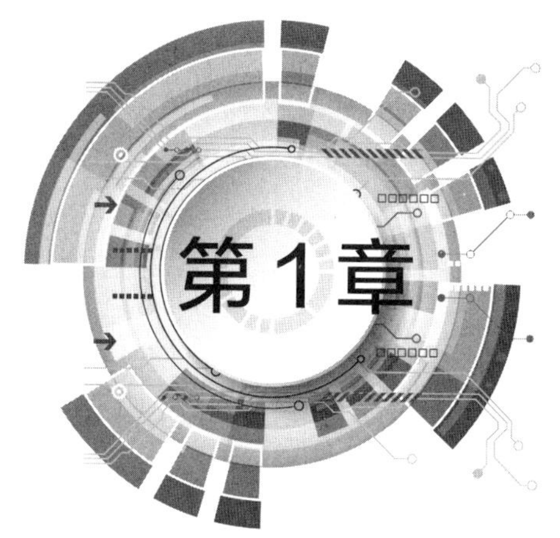

简单直流电路

第 1 节　电路和电路图

一、电路

如图 1–1a 所示是生活中常见的手电筒，其主要元件之间的连接关系可以等效地用如图 1–1b 所示的实物连接示意图来描述，即用导线将电池、灯泡和开关连接起来，组成一个电流流通的路径，当合上开关时，有电流流过灯泡，灯泡亮起来；当断开开关时，没有电流流过灯泡，灯泡熄灭。这种电流流通的路径称为电路，一个完整的电路由电源、负载、开关和连接导线四部分组成。

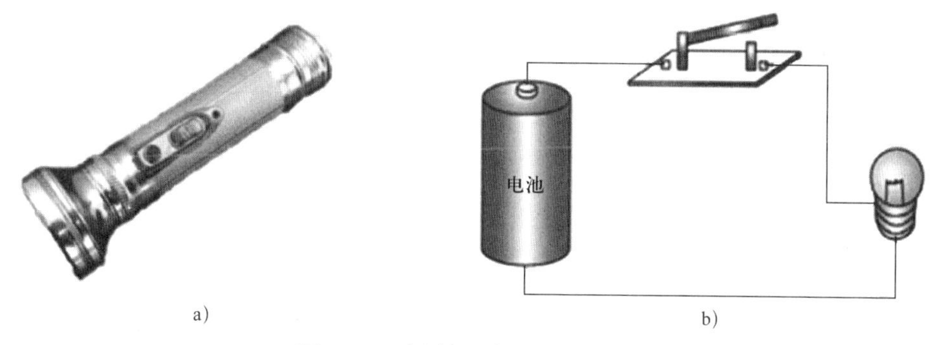

图 1–1　手电筒及实物连接示意图
a）手电筒　b）实物连接示意图

1. 电源

电源是产生电能的装置，其作用是将其他形式的能转化为电能，如电池、发电机等都是电源。

2. 负载

负载又称为用电器，是消耗电能的装置，其作用是把电能转化为其他形式的能。灯泡、电动机等都称为负载，灯泡能将电能转化为光能，电动机能将电能转化为动能。

3. 开关

开关属于控制装置，在电路中起着接通或断开电路的作用。

4. 连接导线

导线在电路中起连接作用，通过导线可以把电源、负载、开关连接起来，组成一个完整的电路。

二、电路图

上述用实物连接示意图来描述电路的方式比较烦琐，在实际应用中，通常将各种元件抽象为相应的图形符号，绘制成电路图来表示，如图 1–2 所示。

为了方便、直观地描述电路，电路中的元件通常采用国家统一规定的图形符号和字母代码来表示，字母代码可以选用单字母代码，也可以选用双字母代码，即主类加子类字母代码的方式。这种用图形符号和字母代码来描述电路连接情况的图称为电路原理图，简称电路图。部分常用电气元件的图形符号和字母代码见表 1–1。

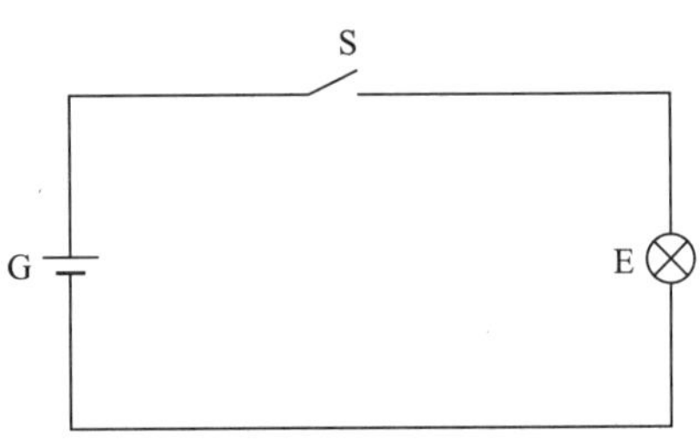

图 1–2　手电筒电路图

表 1–1　部分常用电气元件的图形符号和字母代码

名称	图形符号	主类字母代码	子类字母代码	名称	图形符号	主类字母代码	子类字母代码
开关		S	F	二极管		R	A
熔断器		F	C	灯泡		E	A
电池		G	B	电流表	A	P	G
电阻器		R	A	电压表	V	P	G
电位器		R	A	接触器线圈		Q	A
按钮	E- E-	F	C	接触器主触头		Q	A
电感器，线圈		R	A	接触器辅助触头		Q	A
电容器		C	A	三相笼型异步电动机	M 3~	M	A

电路通常有通路、开路和短路三种状态。

1. 通路

电路构成闭合回路，有电流流过。

2. 开路

电路断开，电路中无电流流过，也称断路。

3. 短路

电源未经负载而直接由导线构成闭合回路，这时电源输出电流将比允许的通路工作电流大很多倍，电源会因短路而损耗大量的能量。电路一般不允许短路。

思考与练习

一、填空题

1. 电流流通的路径称为________。

2. 电路通常有________、________和________三种状态。

3. 电路中的元件通常采用国家统一规定的__________和__________来表示。

二、简答题

1. 电路由哪几部分组成？各部分的作用是什么？

2. 什么是电路图？

第 2 节　电路中的基本物理量

一、电流

电路形成闭合通路后，在电源（或外电场）的驱使作用下，电荷定向移动形成电流，用字母 I 表示。

1. 电流的方向

习惯上规定正电荷移动的方向为电流的方向。在金属导体中，能定向移动的电荷是带负电的自由电子，因此在金属导体中电流的方向实际上与自由电子移动的方向相反。若电流的方向不随时间的变化而变化，则称其为直流电，简称直流，用符号 DC 表示。其中，电流大小和方向都不随时间变化的称为稳恒直流电（见图 1–3a）；电流

方向不变但大小随时间变化的称为脉动直流电（见图 1–3b）。若电流的大小和方向都随时间的变化而变化，则称其为交流电（见图 1–3c），简称交流，用符号 AC 表示。干电池、蓄电池提供的是直流电，动力、照明电路一般用交流电。

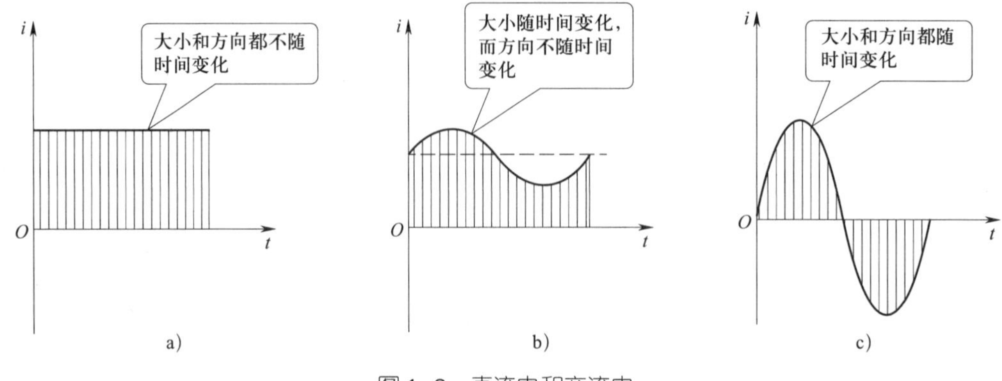

图 1–3　直流电和交流电

a）稳恒直流电　b）脉动直流电　c）交流电

2. 电流的大小

电流大小用单位时间内通过导体横截面的电荷量来表示，在单位时间内通过导体横截面的电荷量越多，就表示流过该导体的电流越强。如果在时间 t 内通过导体横截面的电荷量是 Q，则电流 I 可表示为：

$$I=\frac{Q}{t}$$

电流的单位是安培，简称安，用符号 A 表示。常用的电流单位还有毫安（mA）和微安（μA），其换算关系为：

$$1\ \text{A}=1\ 000\ \text{mA}$$

$$1\ \text{mA}=1\ 000\ \mu\text{A}$$

3. 电流的测量

电流的大小常用电流表或万用表的电流挡来测量。常用的电流表按显示方式可以分为数字式电流表和指针式电流表；按测量电流的性质可以分为交流电流表和直流电流表。如图 1–4 所示。

a)

b)

图 1–4　电流表

a）数字式交流电流表　b）指针式直流电流表

用电流表测量直流电流的接线示意图和电路图如图 1–5 所示。

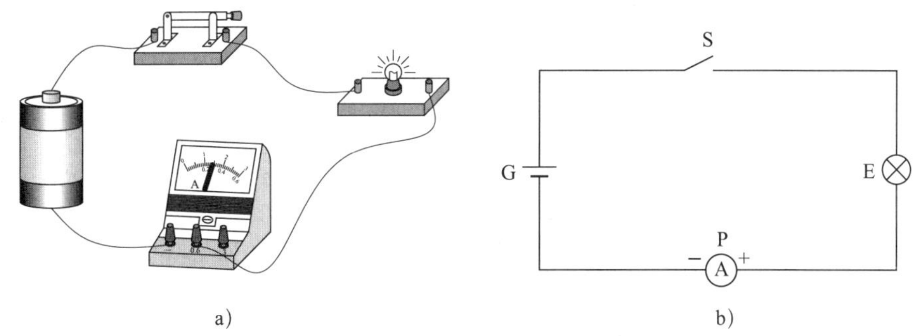

图 1–5　用电流表测量直流电流

a）接线示意图　b）电路图

用电流表测量电流时应注意以下几点。

（1）对交、直流电流应分别使用交流电流表和直流电流表测量。

（2）电流表必须串接到被测电路中。

（3）直流电流表的接线柱上标明了“+”“–”记号，应让电流从“+”记号端流入电流表，否则指针会反转，既影响正常测量，又容易损坏电流表。

（4）合理选择电流表的量程，一般被测量应使电流表指针偏转一半以上，这样读数较为准确。因此，在测量之前应先估计被测电流的大小，以便选择适当量程的电流表。若无法估计，可先用大量程电流表或是电流表的最大量程挡测量，若指针偏转不到满刻度的 1/3，再改用较小量程挡去测量。

（5）为了尽量减小电流表接入后对电路原有工作状况的影响，电流表的内阻通常很小，因此不允许将电流表不经任何负载而直接连接到电源的两极，否则不仅会造成电源短路，还可能会损坏电流表。

二、电压、电位和电动势

1. 电压

在如图 1–6 所示的装置中，当水泵不断将水槽乙中的水抽送到水槽甲中时（水泵对水做功），会使 A 处比 B 处水位高，即 A、B 之间形成了水压，水管中的水便由 A 处向 B 处流动，从而推动水车旋转。

电路的情况与水路相似，在如图 1–7 所示电路中，电源的作用类似于水泵，电源电动势有驱使电荷运动的作用，使 A（电源正极）、B（电源负极）之间维持一定的电压，电路连通后形成了电流，使灯泡点亮。电流在电路中流动时总会受到来自灯泡和导线的一定阻力，而电源产生的电场力会克服这种阻力而做功。电场力移动单位正电荷从 A 点到 B 点所做的功，称为 A、B 两点间的电压（也称为电压降），用 U_{AB} 表示。电压的单位是伏特，简称伏，用符号 V 表示。常用的电压单位还有千伏（kV）和毫伏（mV），其换算关系为：

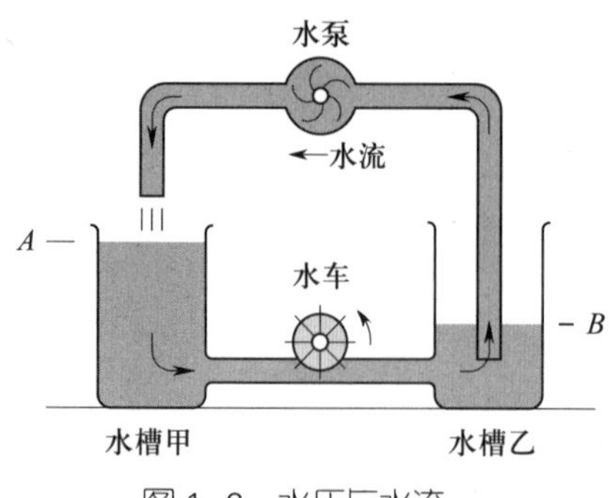

图 1–6　水压与水流

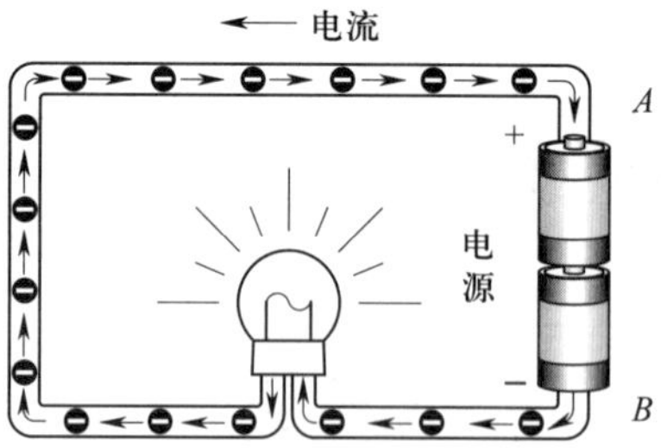

图 1–7　电压与电流

$$1\ \text{kV}=1\ 000\ \text{V}$$

$$1\ \text{V}=1\ 000\ \text{mV}$$

电压与电流一样，既有大小又有方向。电压的实际方向为正电荷在电场中受力的方向，与电路中电流的方向一致。

2. 电位

如果在电路中选定一个参考点（零电位点），则电路中某一点与参考点之间的电压即为该点的电位。电位的单位也是伏特（V），通常用 V 表示，如 A、B 两点的电位可分别记为 V_A、V_B。电路中任意两点之间的电压就等于这两点之间的电位之差，即 $U_{AB}=V_A-V_B$，故电压又称电位差。

原则上参考点可以任意选择，但为了便于分析计算，供电电路中常以大地作为参考点，用符号 ⏚ 表示；电子电路中常以多条支路汇集的公共点或电源的负极作为参考点，用符号 ⊥ 或 ⏊ 表示。高于参考点的电位取正，低于参考点的电位取负。

电路中某点的电位与参考点的选择有关，两点间的电位差与参考点的选择无关，选定参考点后，电路中某点的电位就等于该点到参考点之间的电压。

3. 电动势

电动势是一个衡量电源将非电能转化为电能的本领的物理量，其定义是：在电源内部，外力将单位正电荷从电源的负极移到电源的正极所做的功。电动势用符号 E 表示，单位也是伏特（V）。

电源电动势在数值上等于电源没有接入电路时两极间的电压。电源电动势的方向规定为在电源内部由负极指向正极，如图 1–8 所示。

4. 电压的测量

对于一个电源来说，既有电动势，又有端电压，电动势只存在于电源内部；端电压则是电源两端的电压，其方向为由正极指向负极。电路接通时，电源的端电压总是低于电源内部的电动势；当电源开路时，电源的端电压与电源的电动势在数值上相等。

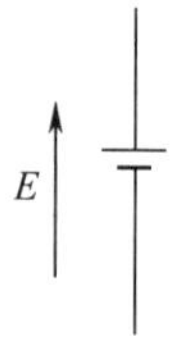

图 1–8　电源电动势的方向

测量交、直流电压应分别采用交流电压表和直流电压表，也可采用万用表的交流电压挡和直流电压挡进行测量。几种常用的电压表如图 1–9 所示。

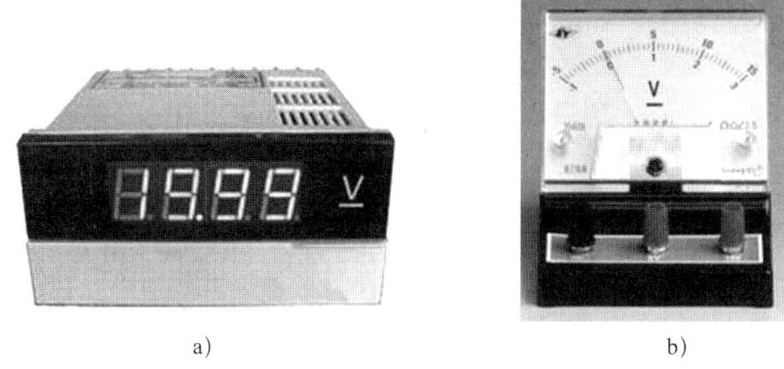

a)　　b)

图 1–9　电压表

a）数字式直流电压表　b）指针式直流电压表

为了尽量减小电压表接入后对电路原有工作状况的影响，电压表的内阻应尽量大，使通过电压表的电流相对于原电路正常工作的电流小到可以忽略不计。用电压表测量直流电压的接线示意图和电路图如图 1–10 所示。

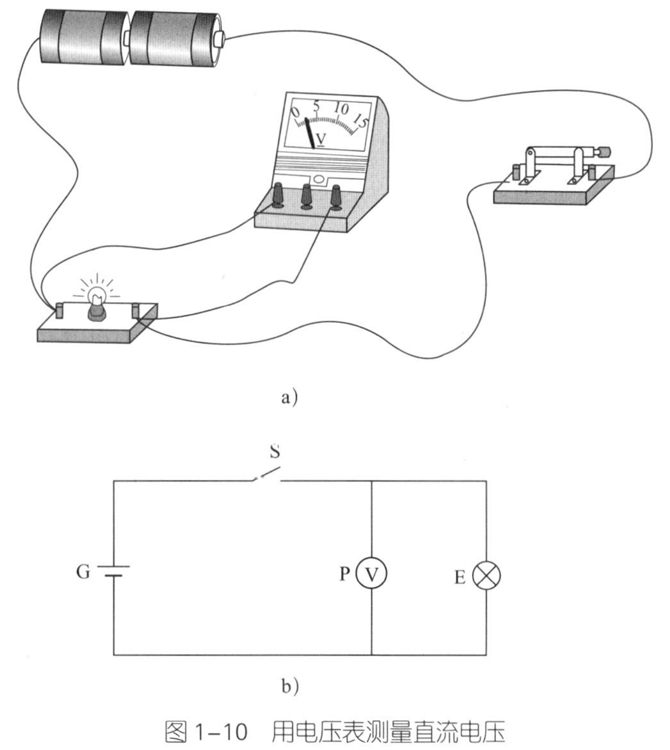

图 1–10　用电压表测量直流电压

a）接线示意图　b）电路图

用电压表测量电压时，应注意以下几点。

（1）对交、直流电压应分别采用交流电压表和直流电压表测量。

（2）电压表必须并接在被测电路的两端。

（3）直流电压表的接线柱上标明了“+”“–”记号，应当分别连接电路中靠近电源正极和负极的测量点，不能接错，否则指针会反转，可能会损坏电压表。

（4）每只电压表都有一定的测量范围，其量程的选择方法与电流表相同。

思考与练习

一、填空题

1. 电荷定向移动形成________，在金属导体中，能定向移动的电荷是带负电的________。

2. 习惯上规定________电荷移动的方向为电流的方向。

3. 电源电动势在数值上等于电源没有接入电路时两极间的电压，电动势的方向规定为在电源内部由________极指向________极。

4. 为了尽量减小接入电流表后对电路原有工作状况的影响，电流表的内阻________。

5. 用电压表测量电压时，电压表必须________在被测电路的两端。

二、判断题

1. 电路中某点的电位与参考点的选择无关。（　　）

2. 为了减小接入电压表后对电路原有工作状况的影响，电压表的内阻应尽量大。（　　）

三、简答题

1. 用电流表测量电流时应注意哪些问题?

2. 什么是电位差?

3. 什么是电动势?

第 3 节　电阻与电阻的测量

一、电阻

当电流通过导体时，做定向移动的电荷与导体中原子、分子以及其他导电粒子不断碰撞从而产生阻力，这种导体对电流的阻碍作用称为电阻。电阻用 R 表示，单位为欧姆，简称欧，用符号 Ω 表示。常用的电阻单位还有千欧（kΩ）和兆欧（MΩ），其换算关系为：

$$1\ \text{k}\Omega=1\ 000\ \Omega$$

$$1\ \text{M}\Omega=1\ 000\ \text{k}\Omega$$

实验证明：导体的电阻与导体的长度 L 成正比，与导体的横截面积 S 成反比，并与导体的材料性质有关，可表示为：

$$R=\rho\frac{L}{S}$$

式中，ρ 是导体的电阻率，是指长 1 m，截面面积 1 m^2 的某种材料在常温时（20 ℃）的电阻，单位为欧姆·米（Ω·m）。电阻率由导体的材料性质决定，表示导体导电能力的强弱。

电阻率在一定温度下是个常数，几种常用材料在常温（20 ℃）时的电阻率见表 1–2。

表 1–2　几种常用材料在常温（20 ℃）时的电阻率

材料	电阻率（Ω·m）	材料	电阻率（Ω·m）
银	1.6×10^{-8}	铁	1.0×10^{-7}
铜	1.7×10^{-8}	锰铜	4.4×10^{-7}
铝	2.9×10^{-8}	康铜	5.0×10^{-7}
钨	5.3×10^{-8}	橡胶	1.0×10^{16}

电阻率的大小反映了材料导电性能的好坏，从表 1–2 可以看出，不同材料的导电性能相差很大。在电工技术中按导电性能将材料分为四类：导体、绝缘体、半导体和超导体。电阻率小，电流容易通过的材料称为导体；电阻率大，电流几乎不能通过的材料称为绝缘体；导电能力介于导体和绝缘体之间的材料称为半导体。在一定条件下，某些材料的电阻会变为零，这种材料称为超导体。

材料的电阻率会随温度的变化而变化。一般来说，纯金属的电阻率随温度升高而增大；电解液、半导体和绝缘体的电阻率则随温度升高而减小。有些合金，如锰铜合金和镍铜合金的电阻率几乎不受温度变化的影响。

二、常见电阻器

电阻器（简称电阻）是电路中使用最多的元件之一，按结构可分为固定电阻器、可变电阻器和特殊电阻器三大类。如图 1–11 所示为几种电阻器的外形图。

1. 固定电阻器

固定电阻器是电阻值不可调节的电阻器，按其制造材料可分为碳膜电阻器、金属膜电阻器、合成膜电阻器和线绕电阻器等。

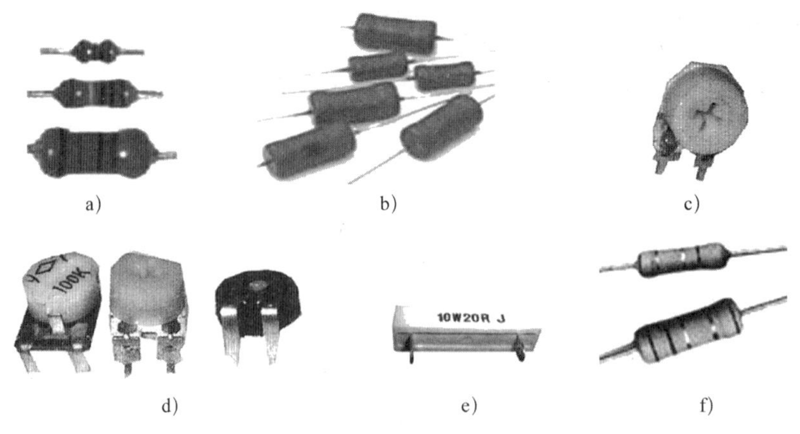

a) b) c)
d) e) f)

图 1–11 几种电阻器的外形图

a）碳膜电阻器 b）金属膜电阻器 c）立式微调电阻器
d）卧式微调电阻器 e）水泥电阻器 f）熔断电阻器

2. 可变电阻器

可变电阻器又称电位器，其电阻值可在一定范围内连续可调。可变电阻器通常有三个引脚，其中两个引脚之间为固定电阻值，第三个引脚与任一个引脚之间的电阻值可以随着轴臂的旋转（或活动点的直线式位移）而改变。

3. 特殊电阻器

特殊电阻器按功能可分为热敏电阻器、光敏电阻器、水泥电阻器、熔断电阻器等。

三、电阻的测量

测量电阻最常用的方法是使用万用表的欧姆挡进行测量。

1. 万用表介绍

万用表是一种具有多种用途和多种量程的便携式电工仪表，可以用来测量直流电流、直流电压、电阻、交流电压等。万用表一般分为模拟式万用表和数字式万用表，如图 1–12 所示。

a)

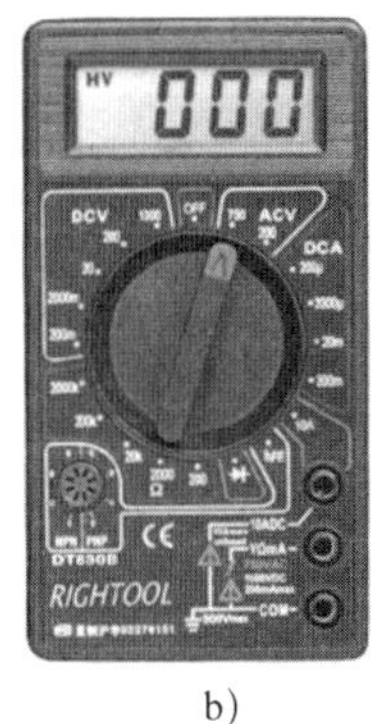

b)

图 1–12 万用表

a）模拟式 b）数字式

常用的 MF–47 型模拟式万用表的结构如图 1–13 所示，主要由表头、转换开关、调零旋钮、插孔等部分构成。

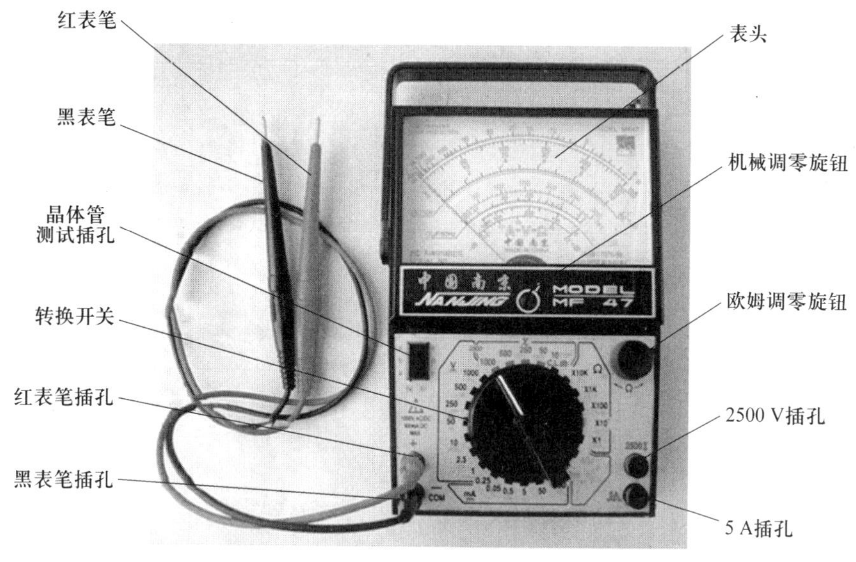

图 1–13　MF–47 型模拟式万用表的结构

表头：在万用表的上部，主要用来指示测量结果。

转换开关：主要用于切换各种不同的测量线路，以满足不同种类和不同量程的测量要求。

调零旋钮：主要用于在测量前使万用表指针指在零点位置上，包括机械调零旋钮和专门用于欧姆挡调零的欧姆调零旋钮。

插孔与测试表笔：插孔主要用来插测试表笔，测试表笔有红、黑两支，“+”插孔插红表笔，“*”（或“–”）插孔插黑表笔。

2. 用万用表测量电阻

以模拟式万用表为例，测量电阻的步骤见表 1–3。

表 1–3　模拟式万用表测量电阻的步骤

序号	操作步骤	图示	说明
1	机械调零		红、黑表笔未短接时，观察表针是否对准表盘左侧刻度线零点位置，如不在零点位置，则调节机械调零旋钮，将表针调至零点位置

续表

序号	操作步骤	图示	说明
2	选择合适倍率挡	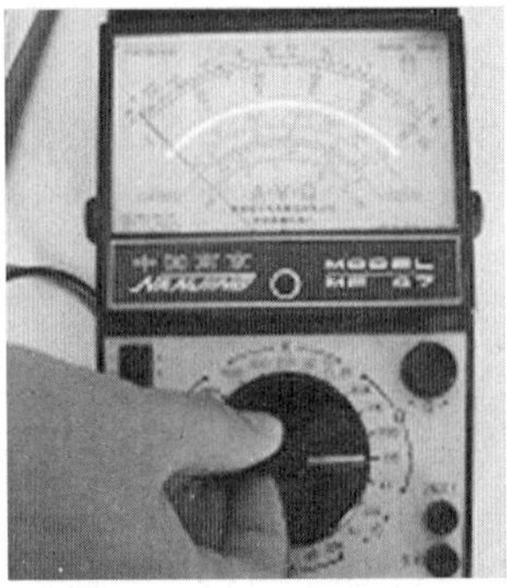	测量时，先依据电阻器的标称阻值，选择合适的电阻倍率挡，使万用表指针在全刻度的中心部分读数比较准确。一般应使指针指在全刻度的 1/3 ~ 2/3
3	欧姆调零	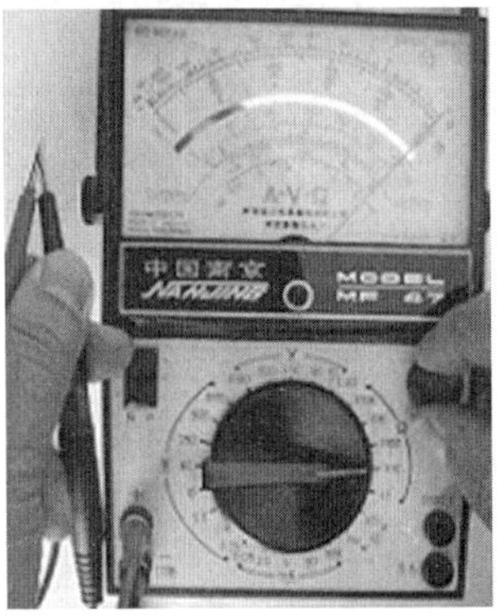	将两个表笔短接，调节欧姆调零旋钮，使指针刚好指在欧姆刻度线右侧的零位（如指针不能调到零位，说明电池电压不足或仪表内部有问题）。每换一次倍率挡，都要再次进行欧姆调零，以保证测量准确
4	测量电阻	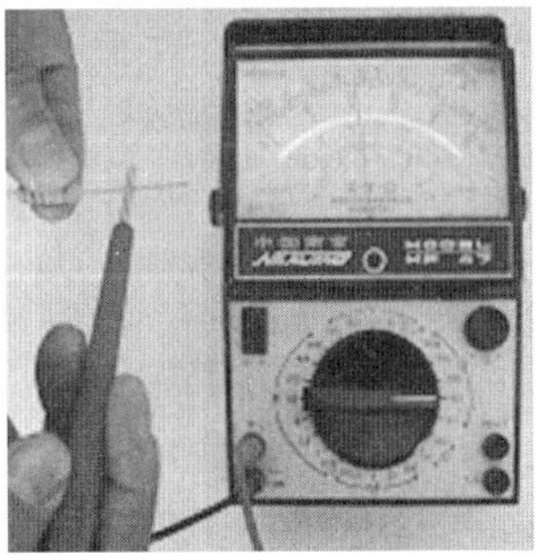	单手持电阻，将两表笔（不分正负）分别与被测电阻的两端引脚相接，观察表盘上刻度的数值
5	读取表盘刻度值	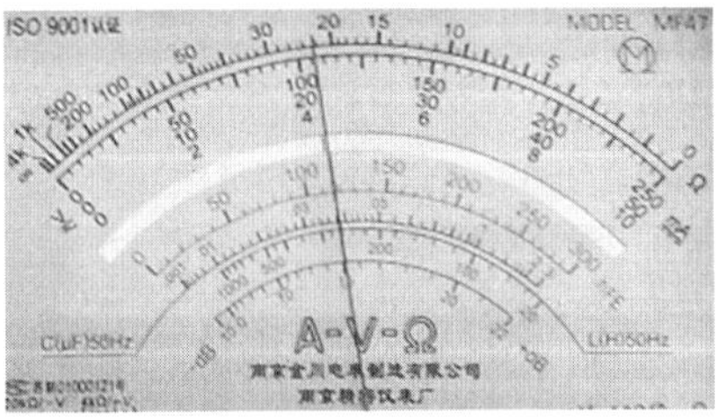	待指针稳定后读取欧姆刻度线上指针指示的数值
6	计算被测电阻值	被测电阻值 = 表盘读数 × 倍率	
7	判断电阻器性能	把从电阻器表面识读的标称阻值与万用表实际测量值作比较，若数值在误差值以外，则表明电阻器可能变值（一般是阻值增大）或开路	

使用万用表应注意以下几点。

（1）使用万用表前必须仔细阅读使用说明书，了解转换开关的功能。

（2）使用万用表测量时应注意两支测试表笔的正、负极性，红表笔为正极性，黑表笔为负极性。

（3）开关各位置上注明的数值为该量程挡的最大测量值。量程的选择依据是尽量使指针指在刻度的 1/3 ~ 2/3。

（4）当量程不能确定时应先选择较大的量程测量。

（5）不可带电测量电阻，测量电流、电压时禁止带电切换开关。

（6）测量结束后，应将转换开关置于空挡或交流电压最高挡，以防下次测量时由于疏忽而损坏万用表。

思考与练习

一、填空题

1. 导体的电阻与导体的长度 L 成________，与导体的横截面面积 S 成________，并与导体的材料性质有关。

2. 各种材料的电阻率都会随温度的变化而变化。一般来说，纯金属的电阻率随温度升高而________。

3. 常见的电阻器按结构可分为________电阻器、________电阻器和________电阻器三大类。

4. 测量电阻最常用的方法是使用万用表的________进行测量。

5. 万用表一般分为________式万用表和________式万用表。

6. 使用万用表测量结束后，应将转换开关置于______或________，以防下次测量时由于疏忽而损坏万用表。

二、判断题

1. 电阻率是与导体材料性质有关的物理量，与环境温度无关。（　　）

2. 电阻的大小反映了各种材料导电性能的好坏。（　　）

3. 可以带电测量电阻的阻值。（　　）

三、简答题

1. 什么是电阻率？电阻率与哪些因素有关？

2. 按导电性能，可将材料分为哪几类？各有什么特点？

第4节 欧姆定律

电路中电流与电压、电阻等物理量之间存在着内在的联系，可以用欧姆定律来描述。

一、部分电路欧姆定律

如图 1–14 所示的部分电路中，电阻两端的电压是 U，电阻为 R，则流过电阻的电流 I 可以表示为：

$$I=\frac{U}{R}$$

式中，I——电流，A；

U——电压，V；

R——电阻，Ω。

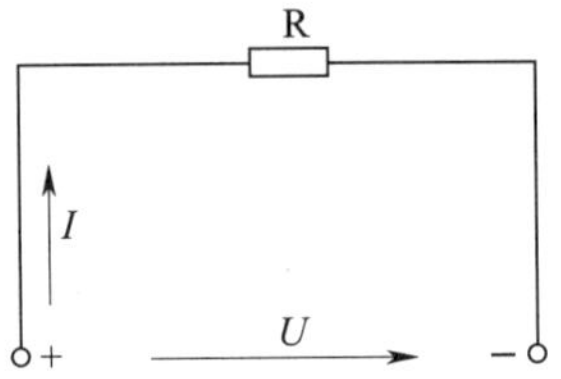

图 1–14 部分电路

即在部分电路（不包含电源的非闭合电路）中，通过电阻的电流与电阻两端的电压成正比，与电阻成反比，这就是部分电路欧姆定律。

可见，在部分电路中，只要知道电路中的电压、电阻和电流三个量中的任意两个量，就可以由欧姆定律求出第三个量。

二、全电路欧姆定律

一个完整的电路应该是含有电源的闭合电路，即全电路，如图 1–15 所示，由内电路和外电路两部分组成。其中，内电路指电源内部的电路，包括电源电动势 E 和电源的内阻 R_0，电流由电源的负极流向正极；外电路指电源以外的电路。

全电路欧姆定律的内容：闭合电路中的电流与电源的电动势成正比，与电路的总电阻（包括电源的内阻和外阻）成反比，数学表达式为：

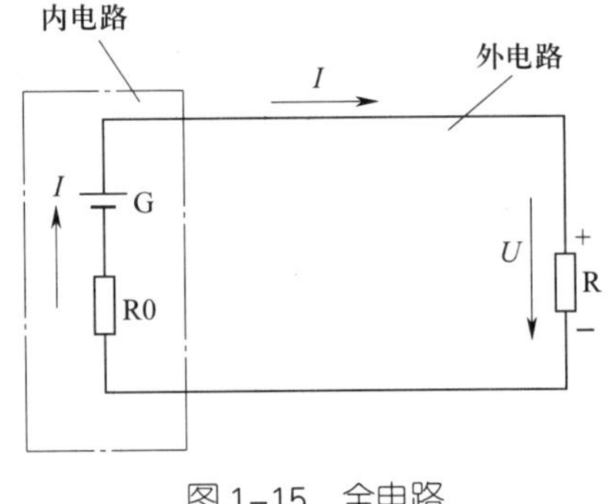

图 1–15 全电路

$$I=\frac{E}{R+R_0}$$

$$E=IR+IR_0=U+U_0$$

其中，U_0 是电源内阻上的电压降，U 是电源外电路的电压降，也就是电源的端电压。该式说明电源的电动势在数值上等于闭合电路中内外电路电压降的总和。

三、电源的外特性

在电源的电动势和内阻一定的情况下，电源的端电压随负载电流变化的关系特性称为电源的外特性，其关系特性曲线称为电源的外特性曲线，如图 1–16 所示。由电源的外特性曲线可知，电源的端电压随输出电流的增大而减小，且电源内阻越大，直线越倾斜；直线与纵轴交点的纵坐标表示电源电动势的大小（即 I=0 时，U=E）。

四、电路的三种状态

利用全电路欧姆定律，可以分析出电路在通路、开路和短路三种不同状态下输出电流与电源端电压之间的关系，如图 1–17 所示。

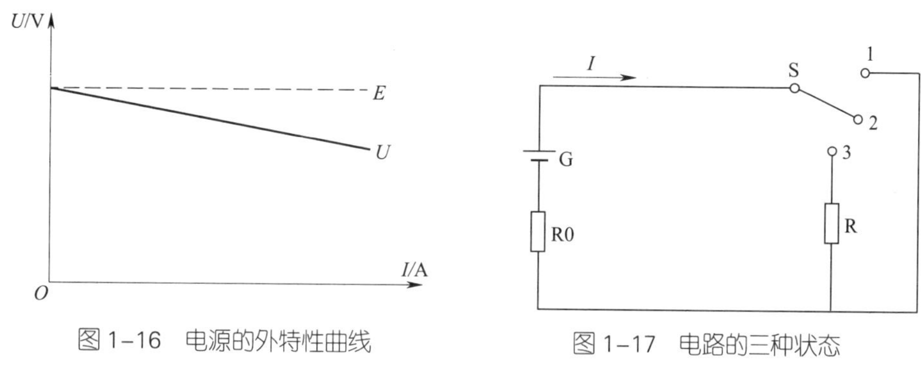

图 1–16　电源的外特性曲线

图 1–17　电路的三种状态

1. 通路（有载）

开关 S 接到位置“3”时，电路处于通路状态（或称有载状态）。由全电路欧姆定律可知，电路中的电流为：

$$I=\frac{E}{R+R_0}$$

由此也可推导出，电源的端电压与输出电流之间的关系为：

$$U=E-U_0=E-IR_0$$

通常把通过大电流的负载称为**大负载**，把通过小电流的负载称为**小负载**。当电源的内阻一定时，电路接大负载，端电压下降较多；电路接小负载，端电压下降较少。

2. 开路（断路）

开关 S 接到位置“2”时，电路处于开路状态（或称断路状态），相当于负载电阻 $R\rightarrow\infty$ 或电路中某处连接导线断开。此时电路中电流为零，电源内阻压降也为零，$U=E-IR_0=E$，即电源的开路电压在数值上等于电源的电动势。

3. 短路

开关 S 接到位置“1”时，相当于电源两极被导线直接相连，电路处于短路状态。电路中短路电流 $I=E/R_0$。由于电源内阻一般都很小，例如蓄电池的内阻只有 0.005 ~ 0.1 Ω，新干电池的内阻通常也不到 1 Ω，所以短路电流很大。此时电源对外输出电压 U=0。

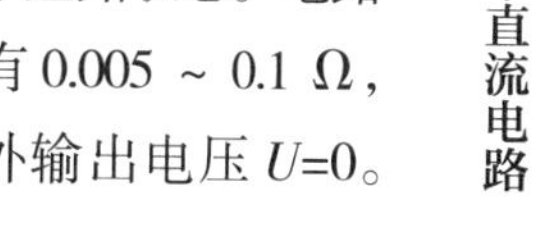

电源短路是严重的故障状态，必须避免。

【例 1-1】 如图 1-18 所示是测量电源电动势 E 和内阻 R_0 的电路。已知 R=24 Ω，当开关 S 合上时电压表的读数为 48 V，开关 S 断开时电压表的读数为 50 V。求电源电动势 E 和内阻 R_0。

图 1-18 例 1-1 图

解：（1）开关 S 断开时，电路处于开路状态

电路电流 $I=0$

电压表读数 $U=E=50\text{ V}$

（2）开关 S 接通时，电路处于通路状态

电路电流 $$I=\frac{U}{R}=\frac{48\text{ V}}{24\ \Omega}=2\text{ A}$$

电压表读数 $$U=E-IR_0=50\text{ V}-2\text{ A}\times R_0=48\text{ V}$$

$$R_0=\frac{50-48}{2}\ \Omega=1\ \Omega$$

思考与练习

一、填空题

1. 在部分电路（指不包含电源的非闭合电路）中，通过电阻的电流与电阻两端的电压成________，与电阻成________，这就是部分电路欧姆定律。

2. 在电源的电动势和内阻一定的情况下，电源的端电压随输出电流的增大而________。

3. 电路处于短路状态时，电源对外输出电压为________。

4. 电源的电动势在数值上等于闭合电路中内外电路电压降的______。

二、判断题

1. 在电路中，阻值大的负载为大负载，阻值小的负载为小负载。（　　）

2. 电路处于开路状态时，电源的输出电压为零。（　　）

三、简答题

1. 什么是全电路？它由哪几部分组成？

2. 什么是电源的外特性？

第 5 节　电功与电功率

在日常生活中，常遇到电饭锅、热水器、电冰箱的功率是多少“瓦”，空调一天用多少“度”电等问题，这里的“瓦”和“度”涉及电功与电功率的概念。

一、电功

搬运工将重物举到高处，这是人力做功，消耗的是体能；使用电动葫芦同样也能把重物吊到高处，这是电流做功，消耗的是电能，如图 1–19 所示。

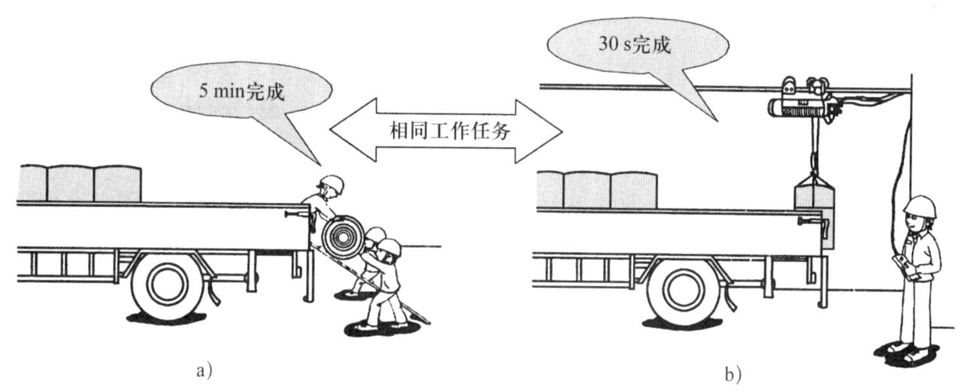

图 1–19　人力做功和电流做功

a）搬运工举物　b）电动葫芦举物

电流通过负载时，负载将电能转化为其他形式的能量。例如，电流通过电动机做功，电能转化为机械能；电流通过电炉做功，电能转化为热能；电流通过灯泡做功，电能转化为光能和热能等。这一过程中，有多少电能转换为其他形式的能，电流就做了多少功，用电功来表示负载在一段时间内所消耗的电能的大小，即：

$$W=Pt=UIt$$

式中，W——电功，J；

P——功率，W；

t——时间，s。

实际工作中，电功的单位常用千瓦时（kW · h）来表示，也就是平常所说的“度”，即：

$$1\text{ 度}=1\text{ kW}\cdot\text{h}=3.6\times10^{6}\text{ J}$$

电功的大小用电能表（也称为电度表）来测量，如图 1–20 所示为单相电能表。

图 1–20　单相电能表

二、电功率

电流在单位时间内所做的功称为电功率。电功率是表征电流做功快慢的物理量，用字母 P 表示，单位为瓦特（W），简称瓦，其计算式为：

$$P=\frac{W}{t}=UI$$

对于纯电阻电路，根据欧姆定律 $U=IR$，上式还可以写为：

$$P=I^2R=\frac{U^2}{R}$$

电功率常用单位还有兆瓦（MW）、千瓦（kW）和毫瓦（mW），它们的换算关系为：

1 MW=1 000 kW

1 kW=1 000 W

1 W=1 000 mW

例如，一只标有“220 V/40 W”的灯泡，其中“40 W”就表示该灯泡的功率是 40 W。

【例 1–2】 一台功率为 2 kW 的电暖气，每天工作 8 h，求一个月 30 天要用电多少度。

解： 电暖气每天用电为：

$$W_1=Pt=2\ \text{kW}\times 8\ \text{h}=16\ \text{kW}\cdot\text{h}=16\ 度$$

电暖气 30 天用电为：

$$W=30\times 16\ 度=480\ 度$$

三、电流的热效应

电烙铁通电后会发热，电灯泡通电点亮后除了发光还会发热。这种电流通过电阻时使电阻发热的现象称为电流的热效应。换言之，电流的热效应就是电能转化为热能的现象。

电流通过电阻时所产生的热量与电流的平方、电阻及通电时间成正比，这就是焦耳定律。电能转换为热能的关系式为：

$$Q=I^2Rt$$

式中，Q——电阻上产生的热量，J；

I——导体中通过的电流，A；

R——导体的电阻，Ω；

t——电流通过导体的时间，s。

在纯电阻电路中，电流所做的功与产生的热量相等，即电能全部转化为热能；如果不是纯电阻电路，例如电路中有电动机、灯泡等负载时，电能除部分转化为热能外，还有一部分要转化为机械能、光能等。

【例 1-3】 一台电热水器接在电压为 220 V 的电源上，通过电热水器的电流为 5 A。试求通电 1 h 所产生的热量。

解：电热器通电 1 h 产生的热量为：

$$Q=I^2Rt=5^2\times\frac{220}{5}\times60\times60\ \mathrm{J}=3\ 960\ 000\ \mathrm{J}$$

四、电气设备的额定值

为保证电气元件和电气设备能够长期安全地工作，实际应用中应限制其最高工作温度。最高工作温度主要取决于设备工作过程中的发热量，发热量又与电流、电压或功率有关。因此，通常把电气元件和电气设备长期安全工作时所允许的最大电流、电压和功率分别称为额定电流、额定电压和额定功率，并将它们标在显著的位置上。如灯泡上标有“220 V/40 W”，电阻上标有“100 Ω/2 W”等，这就是它们的额定值。电动机、电热水器等电气设备的额定值通常标在其外壳的铭牌上，故其额定值也称铭牌数据，如图 1-21 所示。

三相异步电动机			
型号：Y112M-4		编号	
4.0 kW		8.8 A	
380 V	1440 r/min	LW82 dB	
接法 Δ	防护等级 IP44	50 Hz	45 kg
标准编号	工作制 SI	B 级绝缘	2000 年 8 月
** 电机厂			

a）

型号	C-20	额定功率	2000W
额定电压	220VAC	额定频率	50Hz

b）

图 1-21　电气设备的铭牌

a）电动机的铭牌　b）电热水器的铭牌

电气设备或电气元件在额定功率下的工作状态叫作额定工作状态，也叫满载，低于额定功率的工作状态叫轻载，高于额定功率的工作状态叫过载或超载。过载会使发热量过大，时间长了可能会烧坏用电器，所以一般不允许出现长时间过载的情况。

如图 1-21b 是一台电热水器的铭牌。通过铭牌上的数据可知这台电热水器的额定工作电压是交流 220 V，在此电压下工作时其电功率为 2 kW（额定功率），通过计算可以得到其额定工作电流约为 9.09 A。

值得注意的是，实际电网的电压并不是稳定不变的，当电源电压发生改变时，用电器的功率往往随之发生变化。比如，当电源电压低于 220 V 时，图 1-21b 所示的电

热水器的实际电功率也会低于 2 kW。

【例 1–4】 额定值为“100 Ω/1 W”的电阻，两端允许加的最大直流电压为多少？此时流过电阻的直流电流是多少？

解： 根据式 $P=\dfrac{U^2}{R}$ 可得，电阻两端允许加的最大直流电压为：

$$U=\sqrt{PR}=\sqrt{1\times 100}\ \text{V}=10\ \text{V}$$

此时流过电阻的直流电流为：

$$I=\frac{P}{U}=\frac{1}{10}\ \text{A}=0.1\ \text{A}$$

五、负载获得最大功率的条件

在如图 1–22 所示的全电路中，当电流流经回路时，由于电源内阻 R_0 的存在，会在电源内阻上消耗一定的功率。电源提供的总功率 P 分成电源内阻上消耗的功率 P_0 和负载 R 上消耗功率 P_R 两部分，并且满足 $P=P_0+P_R$。显然，在电源输出功率一定的条件下，电源内阻上消耗的功率越大，外电路负载得到的功率就越小。

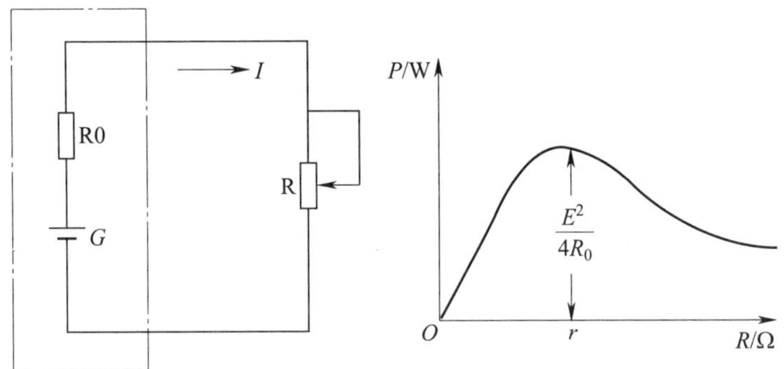

图 1–22　负载获得最大功率的条件

理论分析和实验证明，在电源一定的情况下，当负载电阻 R 和电源内阻 R_0 相等时，负载可获得最大功率，所获得的最大功率的计算式为：

$$P_M=\frac{E^2}{4R}=\frac{E^2}{4R_0}$$

负载获得最大功率时，负载上和电源内阻上消耗的功率相等，电源提供的电功率有 50% 消耗在其内阻上，显然这种情况下电能的利用率只有 50%。电源内阻和负载电阻相等，即 $R=R_0$，也被称为阻抗匹配。

思考与练习

一、填空题

1. 电流在单位时间内所做的功称为电功率，它是表征电流做功______的一个物理量，用字母 P 表示，单位为______。

2. 电功的大小用________来测量。

3. 一只标有“220 V/40 W”的灯泡，其中“40 W”的含义就表示该灯泡的额定功率是________。

4. 电气设备或电气元件在额定功率下的工作状态叫作________工作状态，也叫________。

二、判断题

1. 当电源电压发生改变时，用电器的功率往往随之发生变化。（　　）

2. 在电源电压一定的情况下，负载获得最大功率时，效率也最高。（　　）

三、简答题

1. 电功的常用单位有哪些？它们之间的关系是怎样的？

2. 简述焦耳定律的内容。

3. 在电源电压一定的情况下，负载获得最大功率的条件是什么？负载获得的最大功率是多少？

第 6 节　电阻与电池组的连接

一、电阻串联电路

1. 电阻串联电路的特点

两个或两个以上电阻顺次连接，组成的无分支电路称为**电阻的串联电路**。如图 1–23 所示是两只灯泡的串联电路。

将灯泡用电阻表示，可得如图 1–24a 所示的电阻串联电路，其等效电路如图 1–24b 所示。

电阻串联电路（以两个电阻串联为例）具有以下特点。

（1）电阻串联电路中流过各个电阻的电流都相等，即：

$$I=I_1=I_2$$

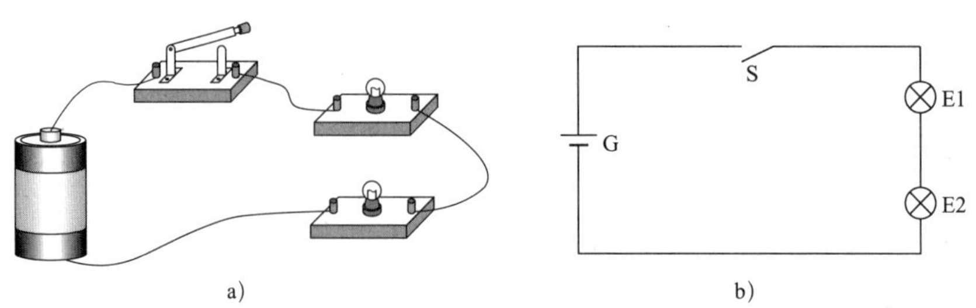

图 1-23　两只灯泡的串联单路

a）接线示意图　b）电路图

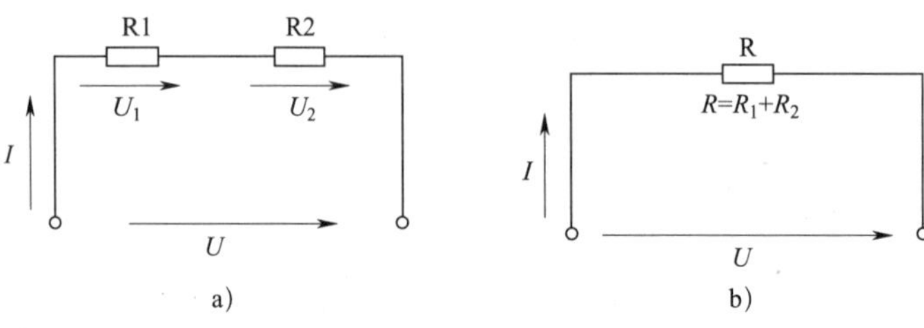

图 1-24　电阻串联电路

a）两个电阻串联的电路　b）等效电路

（2）电阻串联电路两端的总电压等于各个电阻两端电压之和，即：

$$U=U_1+U_2$$

（3）电阻串联电路的总电阻（等效电阻）等于各串联电阻之和，即：

$$R=R_1+R_2$$

（4）电阻串联电路中各电阻上分配的电压与电阻值成正比，即：

$$\frac{U_1}{R_1}=\frac{U_2}{R_2}$$

这表明，在电阻串联电路中，阻值越大的电阻分得的电压越大，阻值越小的电阻分得的电压越小，电阻上的电压为：

$$U_n=\frac{R_n}{R}U$$

上式称为分压公式，其中 $\frac{R_n}{R}$ 叫作**分压比**。

（5）在电阻串联电路中，电阻消耗的功率之比等于电阻大小之比，即：

$$P_1:P_2=R_1:R_2$$

2. 电阻串联电路的应用

在实际工作中，常利用电阻串联电路的特点来获得较大阻值的电阻，或实现分压和限流。

（1）获得较大阻值的电阻。若在维修工作中发现一只 200 Ω 电阻损坏，但是没有这种规格的电阻，只有 100 Ω 的电阻若干，则可以将两只 100 Ω 的电阻串联连接，即可得到 200 Ω 电阻，如图 1–25 所示。

（2）分压作用。利用电阻串联的分压作用可以实现扩大电压表量程的目的。例如，有一只电流表，允许通过的最大电流为 50 μA，内阻是 3 kΩ，要将其改造成量程为 10 V 的电压表，可以采用与该电流表串联一个阻值合适的电阻的方法来实现，如图 1–26 所示。

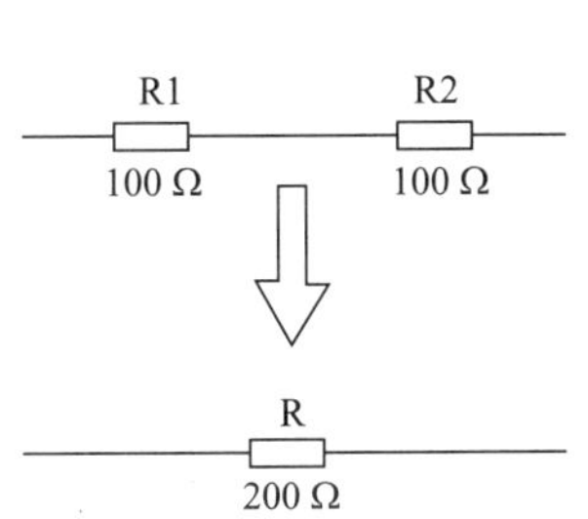

图 1–25　电阻串联获得较大阻值的电阻

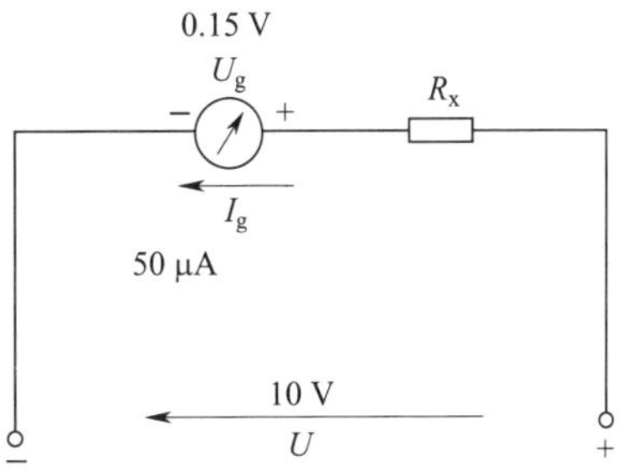

图 1–26　电阻串联分压扩大电压表量程

当电流表指针满刻度时，电流表两端的电压为：

$$U_g=I_gR_g=50\times10^{-6}\times3\times10^{3}\ \text{V}=0.15\ \text{V}$$

则所串入的电阻分得的电压为 10 V–0.15 V=9.85 V。由于串联电路中电流处处相等，由此可求出所需串联的电阻 R_x 的值为 197 kΩ。

（3）限流作用。在电路中串联一个电阻，电路的等效电阻就会增大，在电源电压不变的情况下，电路中的电流将会减小，所以串联电阻可以起到限流作用。例如，在大功率电动机启动时，为防止启动电流对电动机的冲击作用，常采用串电阻启动的方法来减小启动电流，从而保护电动机。

【例 1–5】 在如图 1–27 所示的电路中，已知 U=300 V，R_1=150 kΩ，R_2=100 kΩ，R_3=50 kΩ，求电压 U_{cd}，U_{bd}。

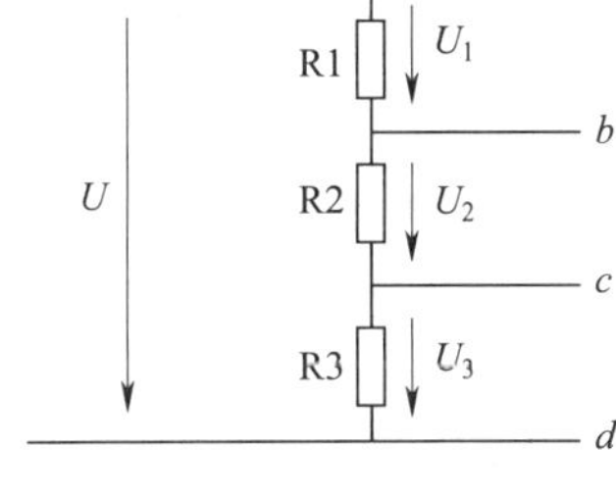

图 1–27　例 1–5 图

解： 分析可知，这是一个由 R1、R2、R3 三个电阻组成的串联电路，利用串联电阻的分压公式可以求出每个电阻两端的电压。

（1）求 U_{cd}。

$$U_{cd}=U_{R_3}=\frac{R_3}{R_1+R_2+R_3}U=\frac{50}{150+100+50}\times300\ \text{V}=50\ \text{V}$$

（2）求 U_{bd}。

将 R2 和 R3 视为一个电阻，则有

$$U_{bd}=U_{R_2}+U_{R_3}=\frac{R_2+R_3}{R_1+R_2+R_3}U=\frac{100+50}{150+100+50}\times300\ \text{V}=150\ \text{V}$$

二、电阻并联电路

1. 电阻并联电路的特点

两个或两个以上电阻的一端连接在电路中的一个点上，另一端连接在另一个点上，这种连接方式叫作电阻的并联。

如图 1–28 所示为两只灯泡的并联电路。

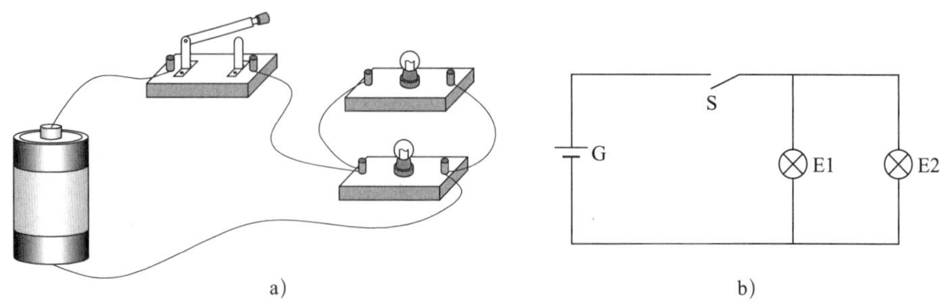

图 1–28　两只灯泡的并联电路

a）接线示意图　b）电路图

将灯泡用电阻表示，可得如图 1–29a 所示的电阻并联电路，其等效电路如图 1–29b 所示。

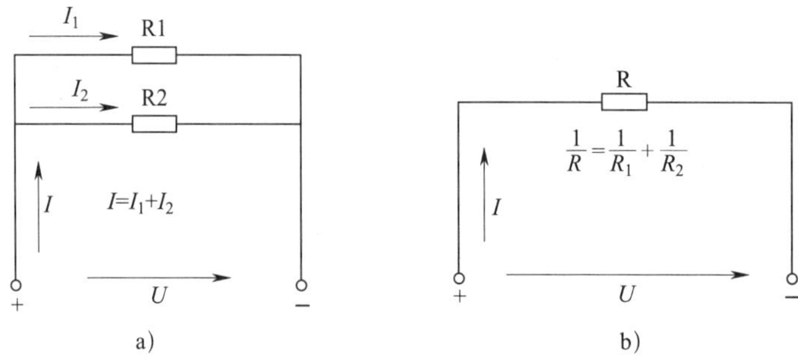

图 1–29　电阻并联电路

a）两个电阻并联的电路　b）等效电路

电阻并联电路（以两个电阻并联为例）具有以下特点。

（1）电阻并联电路中各电阻两端电压相等，且等于电路两端的电压，即：

$$U=U_1=U_2$$

（2）电阻并联电路的总电流等于各电阻支路电流之和，即：

$$I=I_1+I_2$$

（3）电阻并联电路总等效电阻的倒数等于各电阻的倒数之和，即：

$$\frac{1}{R}=\frac{1}{R_1}+\frac{1}{R_2}$$

因此，并联电阻的总等效电阻小于任何一个分电阻。两个电阻并联后的等效电阻计算公式为：

$$R=\frac{R_1R_2}{R_1+R_2}$$

在实际应用中，为了表示简便，在计算式中常用“//”表示并联关系，如上式可表示为：

$$R=R_1//R_2$$

（4）电阻并联电路中通过各支路的电流与支路的阻值成反比，即：

$$I_1R_1=I_2R_2=IR$$

这表明，在电阻并联电路中，阻值越大的电阻上所分配到的电流越小，阻值越小的电阻上分配到的电流越大。

两个电阻并联时的分流公式为：

$$I_1=\frac{R_2}{R_1+R_2}I$$

$$I_2=\frac{R_1}{R_1+R_2}I$$

（5）在电阻并联电路中，各电阻上消耗的功率与电阻值成反比，即：

$$P_1:P_2=\frac{1}{R_1}:\frac{1}{R_2}$$

这表明，阻值越大的电阻消耗的功率越小，阻值越小的电阻消耗的功率越大。总功率等于各个电阻所消耗的功率之和。

2. 电阻并联电路的应用

电阻并联电路在实际中的应用主要有以下几个方面。

（1）获得较小阻值的电阻。电阻并联后，总等效电阻比任何一个并联电阻的阻值都小，因此可以利用并联电路获得较小阻值的电阻。例如，某电路急需 100 kΩ 的电阻一只，而现在只有 200 kΩ 的电阻若干只，这时就可以将两只 200 kΩ 的电阻并联使用，得到 100 kΩ 的等效电阻。

（2）恒压供电。负载在并联状态下工作时，其两端的电压是完全相同的。因此，在实际应用中，凡是额定工作电压相同的负载都可以采用并联的工作方式，这样每个负载都是一个可独立控制的回路，任一负载的正常启动或关断都不影响其他负载的使用。

（3）分流作用。在电工测量中，广泛使用并联电阻的方法来扩大电流表的量程。如图 1–30 所示，利用并联电阻可以分流的特点，在只能测量小电流的表头两端再并联一个阻值适当的电阻，就能实现扩大电流表量程的目的。

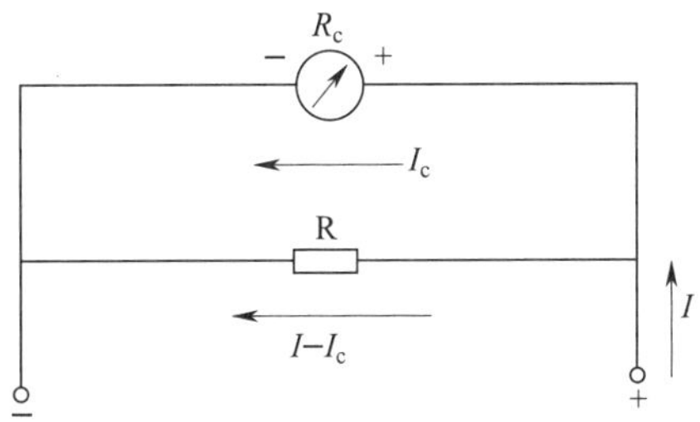

图 1–30　并联电阻分流扩大电流表量程

【例 1–6】 在如图 1–29a 所示的两个电阻的并联电路中，已知 U=24 V，R_1=12 Ω，R_2=6 Ω，求等效电阻 R、总电流 I 以及各电阻上的电流。

解：等效电阻 $R=\dfrac{R_1\times R_2}{R_1+R_2}=\dfrac{12\times 6}{12+6}\ \Omega=4\ \Omega$

总电流 $I=\dfrac{U}{R}=\dfrac{24}{4}\ \text{A}=6\ \text{A}$

各电阻上电压 $U_1=U_2=U=24\ \text{V}$

各电阻上电流 $I_1=\dfrac{U_1}{R_1}=\dfrac{24}{12}\ \text{A}=2\ \text{A}$

$I_2=I-I_1=(6-2)\ \text{A}=4\ \text{A}$

三、电池组的连接

在实际应用中，每一节电池的电压和所能提供的电流是一定的，当需要更高的电压和更大的输出电流时，常需要将多节电池连接在一起使用，这就是电池组。电池组有串联电池组、并联电池组和混联电池组三种连接方式。

1. 串联电池组

单节电池的电压一般都比较低（如常用的干电池的额定电压只有 1.5 V），往往不能满足负载额定电压的要求，这时可以将多节电池串联起来使用，称为串联电池组，如图 1–31 所示。生活中常见的手电筒、电视机遥控器等多需要将电池串联起来使用。

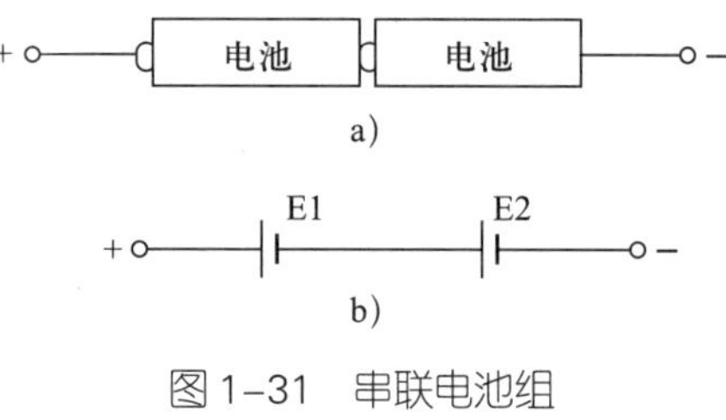

图 1–31 串联电池组

若串联电池组中有 n 节电池，每节电池的电动势都是 E_1，内阻都是 r_1，串联电池组所带负载的电阻为 R，则串联电池组的总电动势 E 为：

$$E=nE_1$$

串联电池组的总内阻为：

$$r=nr_1$$

串联电池组所能提供的电流为：

$$I=\frac{nE_1}{R+nr_1}$$

可见，串联电池组适用于输出电流不太大，而输出电压要求较高的场合。如手电筒、便携式收音机、遥控器、电动自行车等的电池组都采用串联电池组。

一般情况下，电池在长时间使用后，电池电动势几乎不变，但电池的内阻会显著增大，导致电池组输出电流减小，输出电压降低，带负载能力下降，此时应及时更换电池。

2. 并联电池组

实际应用中，由于单节电池电动势较低且总是有一定的内阻存在，所以单节电池能对负载提供的电流可能无法满足负载额定电流的要求。这时就需要将多节电池并联起来使用，称为并联电池组，如图 1–32 所示。

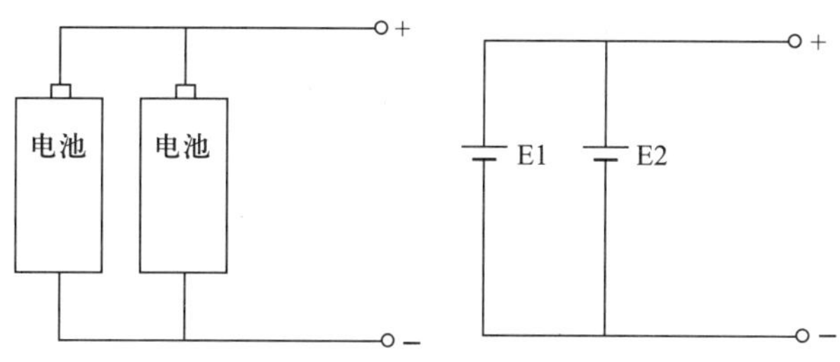

图 1–32　并联电池组

若并联电池组中有 n 节电池，每节电池的电动势都是 E_1，内阻都是 r_1，每节电池能够向负载提供的电流都是 I_1，则并联电池组的总电动势为：

$$E=E_1=E_2=E_3=\cdots=E_n$$

并联电池组的总内阻为：

$$r=\frac{r_1}{n}$$

并联电池组所能提供的电流为：

$$I=nI_1$$

可见，并联电池组适用于单节电池的电动势能够满足负载所需的电压，而单节电池的输出电流小于负载所需电流的情况。

3. 混联电池组

实际应用中，当需要电源的电压较高且电流较大时，还会用到混联电池组，连接方法如图 1–33 所示。先将几节电池接成串联电池组，以满足负载对电压的要求，再将几组串联电池组并联起来，以满足负载对电流的要求。

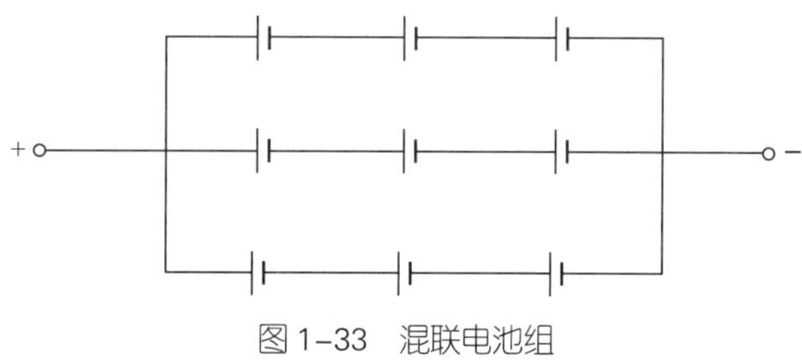

图 1–33　混联电池组

假设图 1–33 中的每节电池的电动势 E_1 =1.5 V，内阻都是 r_1=0.1 Ω，根据电池串并联的特点，可求出该混联电池组的总电动势为：

$$E=3E_1=3\times1.5\ \text{V}=4.5\ \text{V}$$

混联电池组的总内阻为：

$$r=r_1=0.1\ \Omega$$

思考与练习

一、填空题

1. 电阻串联电路中，各电阻上分配的电压与电阻值成______比，即阻值越大的电阻分得的电压______，阻值越小的电阻分得的电压______。

2. 在实际工作中，利用电阻串联电路的特点，常用电阻串联电路来获得较大电阻、实现________和________。

3. 电阻并联电路中，通过各支路的电流与支路电阻的大小成______比，即阻值越大的电阻上所分配到的电流______，阻值越小的电阻上分配到的电流就______。

4. 电池组分为________联电池组、________联电池组和________联电池组三种连接方式。

5. 一般情况下，长时间使用后，电池电动势几乎不变，但电池的内阻会显著________，导致电池组输出电流________，输出电压________。

6. 并联电池组适用于单个电池的电动势能够满足负载所需的电压，而单个电池的输出电流________负载所需的电流的情况。

7. 当需要电源的电压较高且电流较大时，要用到________联电池组。

二、判断题

1. 电阻串联电路的总电阻大于任何一个分电阻。（　　）

2. 在电阻串联电路中，各电阻上消耗的功率与电阻的大小成正比。（　　）

3. 电阻并联电路的总电阻小于任何一个分电阻。（　　）

4. 额定工作电压相同的负载应该采用串联连接。（　　）

三、简答题

1. 简述电阻串联电路的特点。

2. 简述电阻并联电路的特点。

正弦交流电路

第 1 节　正弦交流电的基本知识

前面介绍的直流电路中，电压和电流的大小、方向都不随着时间变化。但在目前的工农业生产和日常生活中，广泛使用的是正弦交流电，如三相异步电动机使用的是 380 V 的三相交流电；大多数家用电器如电风扇、洗衣机、空调器等都是使用 220 V 交流电；还有一些电器设备，如手机、计算机、电动自行车等虽然要由直流电源供电，但大部分也是通过整流设备将交流电转换成直流电再利用。

一、交流电的概念

大小和方向都随时间变化的电动势、电压或电流，统称为交流电。大小和方向按正弦规律变化的交流电称为正弦交流电，其电波形如图 2–1b 所示；不按正弦规律变化的交流电称为非正弦交流电，其电波形如图 2–1c、d 所示。

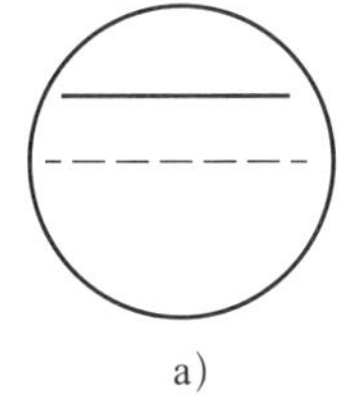
a)

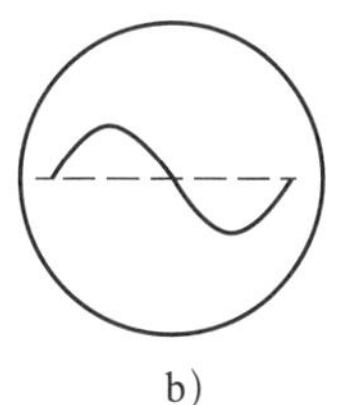
b)

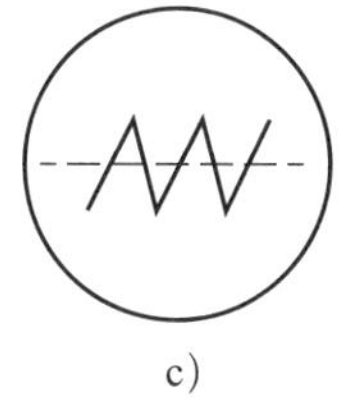
c)

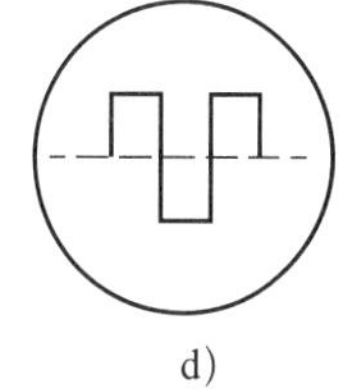
d)

图 2–1　直流电和交流电波形

a）稳恒直流电　b）正弦交流电　c）锯齿波交流电　d）方波交流电

实际应用中，供电系统提供的是正弦交流电，常见的电动机、电视机、计算机等用电设备使用的也都是正弦交流电。因此如果不作特别说明，教材中所出现的交流电

都是指正弦交流电，用符号“～”表示。

二、正弦交流电的三要素

如图 2–2 所示为家庭照明电路中所使用的“220 V/50 Hz”交流电的波形图，其瞬时值表达式为：

$$u=220\sqrt{2}\sin 100\pi t$$

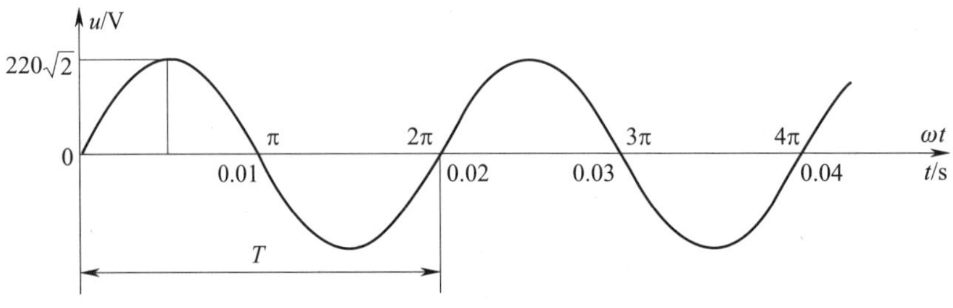

图 2–2　家庭照明电路用正弦交流电波形图

从图 2–2 中可以直观地看到：交流电每重复变化一次所需要的时间为 0.02 s；正弦波形最高点的电压数值为 $220\sqrt{2}$ V；在 t=0 时刻，所对应的电压数值 $u=220\sqrt{2}\sin 100\pi t$ V= $220\sqrt{2}\sin 0°$ V=0 V。

以上信息即包含了交流电的三要素，这是决定正弦交流电波形的关键因素。

1. 周期、频率、角频率

（1）周期。交流电每重复变化一次所需的时间称为周期，用符号 T 表示，单位是秒（s）。从图 2–2 中可以看出，家庭照明电路使用的单相正弦交流电的周期为 0.02 s。

（2）频率。交流电在 1 s 内重复变化的次数称为频率，用符号 f 表示，单位是赫兹（Hz）。根据定义可知，周期和频率互为倒数，即：

$$f=\frac{1}{T}\text{ 或 }T=\frac{1}{f}$$

图 2–2 所示正弦交流电的频率为 $f=\dfrac{1}{0.02\ \text{s}}$ =50 Hz。在铭牌标注上常看到的“额定频率：50 Hz”就是用电设备对电源频率的要求，我国动力和照明用电的标准频率为 50 Hz（习惯上称为工频）。

（3）角频率。正弦交流电随时间的变化关系也可以用一个在直角坐标系中绕原点沿逆时针方向旋转的矢量表示，如图 2–3 所示。交流电每秒变化的角度（电角度）称为角频率，单位是 rad/s，用符号 ω 表示。角频率与周期和频率的关系为：

$$\omega=2\pi f=\frac{2\pi}{T}$$

对于“220 V/50 Hz”的交流电，其角频率为：

$$\omega=2\pi f=2\pi\times 50\ \text{Hz}=100\pi\ \text{rad/s}$$

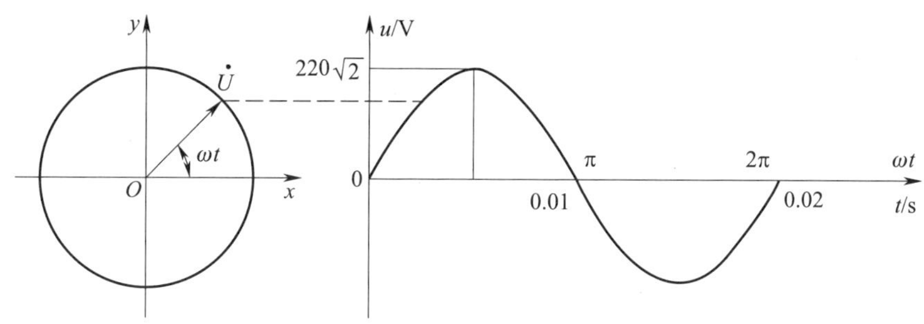

图 2–3　用旋转相量表示交流电

2. 瞬时值、最大值和有效值

（1）瞬时值。交流电在某一时刻的值称为这一时刻交流电的瞬时值。如图 2–3 所示，t=0.005 s 时，$u=220\sqrt{2}$ V，t=0.01 s 时，u=0 V。

（2）最大值。交流电在一个周期内所能达到的最大瞬时值称为正弦交流电的最大值，用 U_m 表示。如图 2–3 所示的交流电的最大值为 $220\sqrt{2}$ V。

（3）有效值。因为交流电压的大小是随时间变化的，所以在研究交流电的功率时，通常用有效值表示。有效值定义为：将交流电和直流电加在同样阻值的电阻上，如果在相同的时间内产生的热量相等，就把这一直流电的大小叫作相应交流电的有效值（见图 2–4），交流电压的有效值用 U 表示。理论计算表明，正弦交流电压的有效值 U 和最大值 U_m 之间的关系为：

$$U=\frac{1}{\sqrt{2}}U_m$$

输送到用户的“220 V/50 Hz”交流电压的有效值为 220 V。

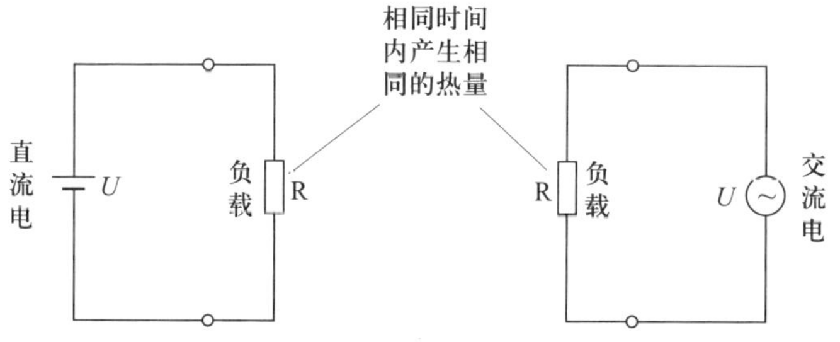

图 2–4　交流电的有效值

3. 相位与相位差

（1）相位与初相。正弦交流电压在任意时刻的电角度称为相位（或相位角），数学表达式为 $u=220\sqrt{2}\sin 100\pi t$ V 的单相正弦交流电压的相位角为 $100\pi t$。

t=0 时的相位称为初相（初相位）。很显然，$u=220\sqrt{2}\sin 100\pi t$ V 的初相为 0°；如果某交流电的数学表达式为 $u=220\sqrt{2}\sin(100\pi t+60°)$ V，则其初相 φ_0 为 60°，其电压波形图如图 2–5 所示。

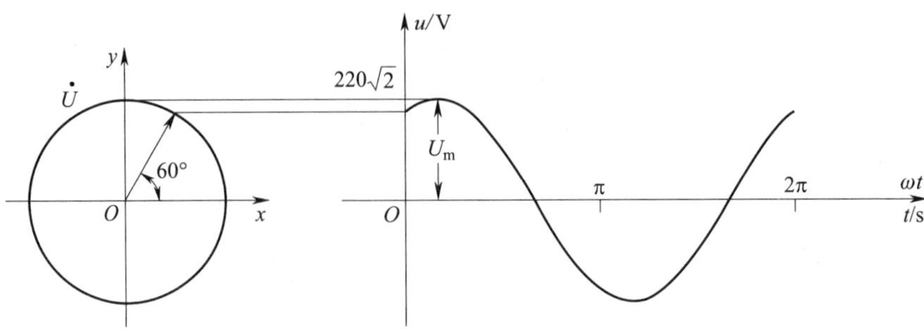

图 2-5　初相为 60°的电压波形图

交流电的初相可以为正，也可以为负，通常用不大于 180°的角来表示。若 t=0 时正弦量的瞬时值为正，则初相为正（见图 2-6a）；若 t=0 时正弦量的瞬时值为负，则初相为负（见图 2-6b）。

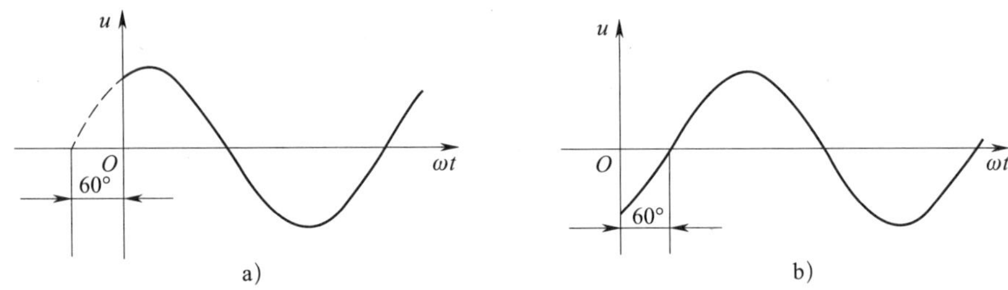

图 2-6　初相的正负

a）初相为正　b）初相为负

综上所述，一个正弦交流电可以表示为：

$$u=U_m \sin(\omega t+\varphi_0)$$

最大值反映了正弦交流电的变化范围，角频率反映了正弦交流电的变化快慢，初相位反映了正弦交流电的起始状态。它们是表征正弦交流电的三个重要物理量，知道了这三个量就可以唯一确定一个交流电的瞬时值表达式，因此常把最大值、角频率和初相位称为正弦交流电的三要素。

【例 2-1】 已知电源插座中的正弦交流电压表达式为 $u=220\sqrt{2}\sin(100\pi t-30°)$ V，试求：

（1）电压的最大值 U_m、有效值 U、角频率 ω、频率 f、周期 T 和初相 φ_0 各为多少？

（2）当 t=0 和 t=0.01 s 时，电压的瞬时值各是多少？

（3）该电压的三要素是多少？

（4）某正弦交流电压 u_1 最大值为 $110\sqrt{2}$ V、角频率为 100π、超前电压 u 为 120°，请写出 u_1 的解析式。

解：（1）把 $u=220\sqrt{2}\sin(100\pi t-30°)$ 与 $u=U_m\sin(\omega t+\varphi_0)$ 对照得：

$$U_m=220\sqrt{2}\ \text{V}=220\ \text{V}\times 1.414=311\ \text{V}$$

$$U=\frac{U_m}{\sqrt{2}}=\frac{220\sqrt{2}}{\sqrt{2}}\text{ V}=220\text{ V}$$

$$\omega=100\pi\text{ rad/s}=100\times3.14\text{ rad/s}=314\text{ rad/s}$$

$$f=\frac{\omega}{2\pi}=\frac{314}{2\times3.14}\text{ Hz}=50\text{ Hz}$$

$$T=\frac{1}{f}=\frac{1}{50}\text{ s}=0.02\text{ s}$$

$$\varphi_0=-30°$$

（2）t=0 时，电压的瞬时值为：

$u=220\sqrt{2}\sin(100\pi\times0-30°)\text{ V}=311\sin(-30°)\text{ V}=311\times(-0.5)\text{ V}=-155.5\text{ V}$

t=0.01 s 时，电压的瞬时值为

$u=220\sqrt{2}\sin(100\pi\times0.01-30°)\text{ V}=311\sin(\pi-30°)\text{ V}=311\sin30°\text{ V}=311\times0.5\text{ V}$
$=155.5\text{ V}$

（3）该电压的三要素是：最大值 U_m=311 V，角频率 ω=314 rad/s，初相角 φ_0=−30°。

（4）u_1 的解析式为：

$$u_1=110\sqrt{2}\sin(100\pi t-30°+120°)\text{ V}=110\sqrt{2}\sin(100\pi t+90°)\text{ V}$$

（2）相位差。两个同频率交流电的相位之差称为相位差，用符号 φ 表示，即：

$$\varphi=(\omega t+\varphi_1)-(\omega t+\varphi_2)=\varphi_1-\varphi_2$$

两个同频率交流电的相位差就等于它们的初相之差。如果一个交流电比另一个交流电提前达到零值或最大值，如图 2–7a 所示，$\varphi=\varphi_1-\varphi_2>0$，则称 e_1 超前 e_2，或称 e_2 滞后 e_1；若两个交流电同时达到零值或最大值，即两者的初相位相等，则称它们同相位，简称同相（见图 2–7b）；若一个交流电达到正的最大值时，另一个交流电同时达到负的最大值，即它们的相位差 φ=180°，则称它们反相位，简称反相（见图 2–7c）；若两个正弦交流电相位差 φ=90°，则称它们正交（见图 2–7d）。

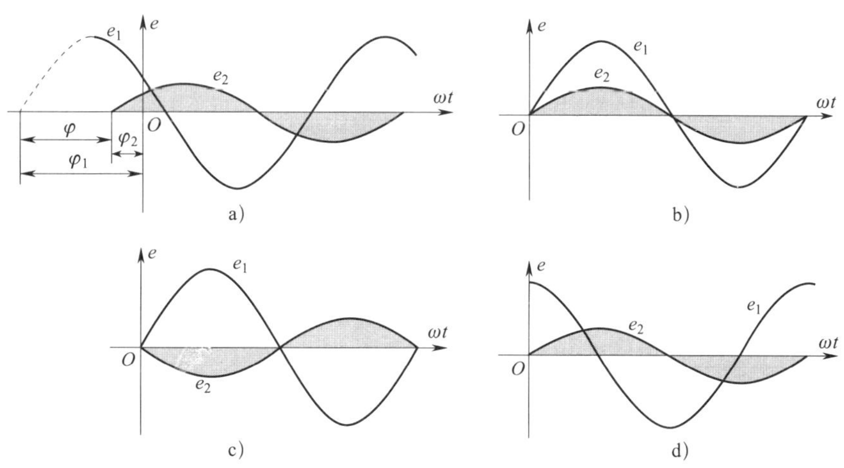

图 2–7 正弦交流电的相位关系

a）e_1 超前 e_2 b）e_1 与 e_2 同相 c）e_1 与 e_2 反相 d）e_1 与 e_2 正交

三、正弦交流电的三种表示方法

1. 波形表示法

波形表示法是用正弦函数图像来表示交流电，在纵轴上可以确定瞬时值和最大值，在横轴上可以确定角频率和初相。

2. 解析式表示法

解析式表示法就是用正弦函数来表示交流电，其一般表示形式就是瞬时值表达式 $u=U_m\sin(\omega t+\varphi_0)$，可以确定最大值 U_m、角频率 ω 和初相 φ_0。解析式是交流电的基本表示方法。

3. 相量图表示法

相量图表示法也称为旋转矢量图表示法，就是用一个在直角坐标系中绕原点沿逆时针方向旋转的矢量来表示正弦交流电的方法。相量图表示法常用于相同频率的交流电的加减运算。

以正弦电动势 $e=E_m\sin(\omega t+\varphi_0)$ 为例，相量图的画法为：在直角坐标系内，作一矢量 OA，其长度为正弦电动势 e 的最大值 E_m，起始位置与 x 轴正方向的夹角等于初相 φ_0，并以正弦电动势的角频率 ω 为角速度逆时针匀速旋转，则在任一瞬间旋转矢量与 x 轴的夹角即为正弦电动势的相位（$\omega t+\varphi_0$），它在 y 轴的投影（OA）即为该正弦电动势的瞬时值，如图 2–8 所示。

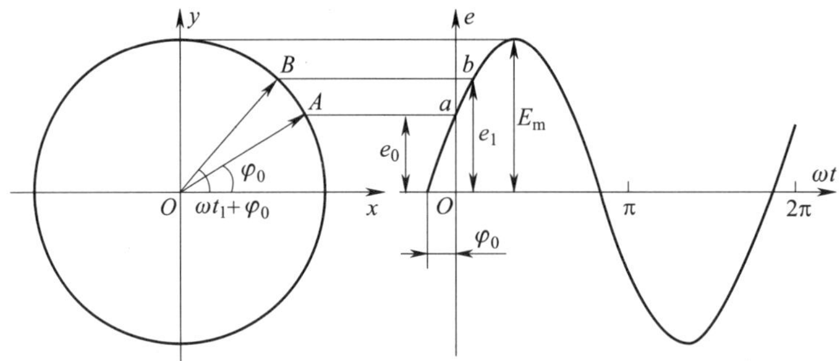

图 2–8　旋转矢量与波形图的对应关系

例如，当 $t=0$ 时，旋转矢量在 y 轴的投影为 e_0，对应于图 2–8 中的电动势波形的 a 点；$t=t_1$ 时，矢量与 x 轴夹角为（$\omega t_1+\varphi_0$），此时，矢量在 y 轴的投影为 e_1，对应于波形图上 b 点。矢量旋转一周，就与该正弦交流电一个周期的波形恰好对应。可见，旋转矢量能完全反映正弦交流电的三要素及变化规律。

将相同频率的几个正弦量的相量画在同一个图中，就可以采用平行四边形法则来进行它们的加减运算。

思考与练习

一、填空题

1. 交流电每重复变化一次所需要的时间称为______，用符号______来表示。

2. 我国工频交流电周期为____s，频率为____Hz，角频率为____rad/s。

3. 正弦交流电最大值与有效值之间的关系是________________。

4. ________、__________、__________称为正弦交流电的三要素。

5. 正弦交流电常用的表示方法有__________表示法、__________表示法和__________表示法。

二、判断题

1. 大小和方向都随时间变化的电动势、电压或电流，统称为正弦交流电。（　　）

2. 若一个正弦交流电的周期、最大值和初相位确定，则这个正弦交流电的变化情况也就完全确定下来了。（　　）

三、简答题

1. 什么是交流电的角频率？角频率与频率的关系是什么？

2. 什么叫正弦交流电的有效值？正弦交流电的有效值和最大值之间有什么关系？

四、计算题

若正弦交流电的瞬时值表达式为 $u=220\sqrt{2}\sin(100\pi t+90°)$ V，请写出该交流电的最大值、角频率和初相位，并画出其波形图。

第 2 节　单相正弦交流电路

一、纯电阻正弦交流电路

在实际生活中，以白炽灯、电烙铁或电阻炉等负载组成的交流电路，可近似看成是电阻起主要作用，而电感和电容的作用均可忽略不计。这种只有电阻起作用的电路称为纯电阻电路，如图 2–9 所示。

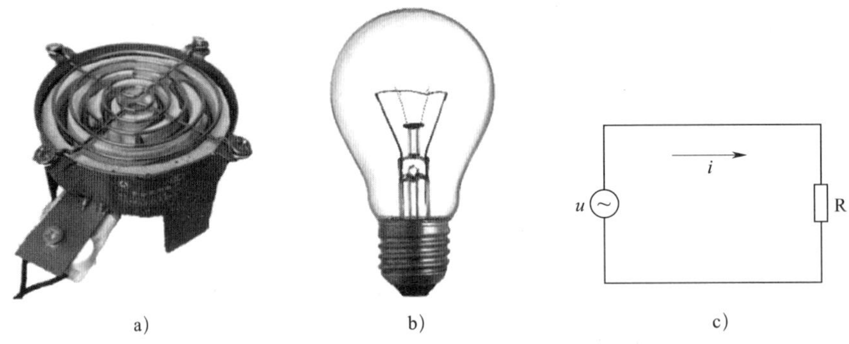

图 2-9 纯电阻电路

a）电炉 b）白炽灯 c）电路图

1. 电流与电压的相位关系

实验表明，在正弦交流电压作用下，电阻中通过的电流是一个同频率的正弦交流电流，且与加在电阻两端的电压同相位，如图 2-10a 所示。

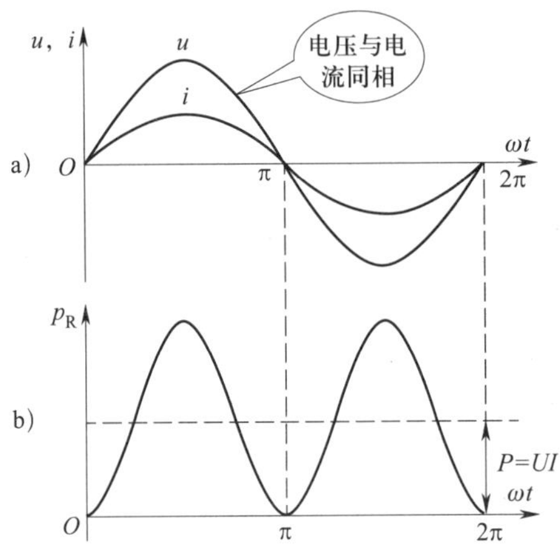

图 2-10 纯电阻电路的电压、电流与功率

a）电流与电压的波形图 b）功率曲线图

2. 电流与电压的数量关系

在纯电阻交流电路中，当外电压已定时，影响电流大小的主要因素是电阻 R，实验证明，在任一瞬间通过电阻的电流 i 符合欧姆定律，即：

$$i=\frac{u}{R}=\frac{U_m\sin\omega t}{R}=\frac{U_m}{R}\sin\omega t$$

由上式可知，通过电阻的电流最大值为：

$$I_m=\frac{U_m}{R}$$

通过电阻的电流有效值为：

$$I=\frac{U}{R}$$

这说明，在纯电阻电路中，电流与电压的瞬时值、最大值和有效值都符合欧姆定律。

3. 功率

在任一瞬间，电阻中电流的瞬时值与同一瞬间电阻两端电压的瞬时值的乘积称为电阻获得的瞬时功率，用 p_R 表示，即：

$$p_R=ui=\frac{U_m^2}{R}\sin^2\omega t$$

瞬时功率曲线如图 2–10b 所示，由于电流和电压同相，所以 p_R 在任一瞬间的数值都大于或等于零，这说明电阻总是要消耗功率的，因此电阻是一种耗能元件。

由于瞬时功率时刻变动，不便计算，所以一般用电阻在交流电一个周期内消耗的功率平均值来表示功率的大小，叫作平均功率。平均功率又称为有功功率，用 P 表示，单位为瓦特，简称瓦，用字母 W 表示，其计算公式为：

$$P=UI=I^2R=\frac{U^2}{R}$$

二、纯电感正弦交流电路

1. 电感

在电子线路中，经常用到各种电感器，如图 2–11 所示。电感器一般是由铜导线绕成的圆筒状线圈，线圈内腔可以是空的，也可以有铁芯。这种电感器的线圈电阻很小，如果将图 2–9c 中的电阻 R 换成一个电感线圈，那么就组成了纯电感电路，如图 2–12 所示。

电感在交流电路中的作用可以用实验来说明。在如图 2–13 所示的电路中，E1 和 E2 为两个相同的灯泡，R1 为电感器，R2 为电阻，合上开关 S 时，小灯泡 E2 会立即亮起来，而 E1 却要慢慢亮起来。这是因为 E1 支路里串联了电感 R1，在合上开关的瞬间，流过线圈的电流由零突然增加到最大，从而在线圈中产生了与电流方向相反的感应电动势和感应电流，阻碍了 E1 支路中电流的增加，故 E1 不能立即亮起来。可见，电感在正弦交流电路中会阻碍电流的变化。

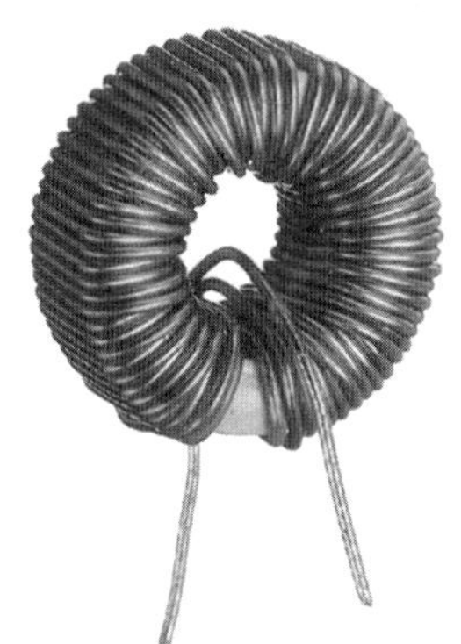

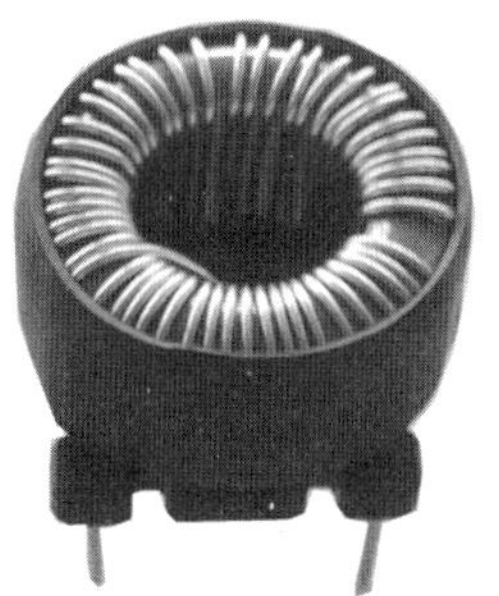

图 2–11　电感器

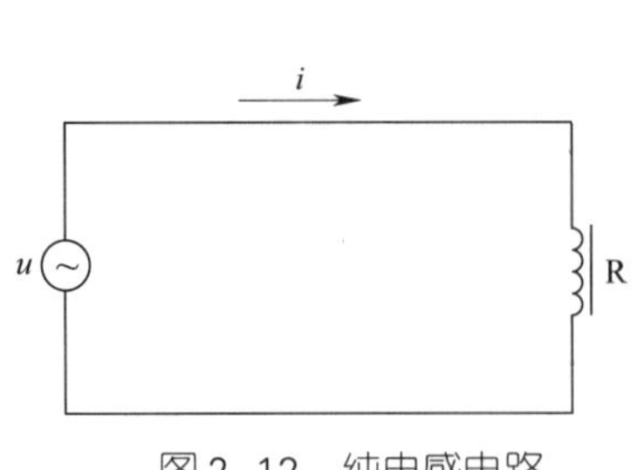

图 2-12　纯电感电路

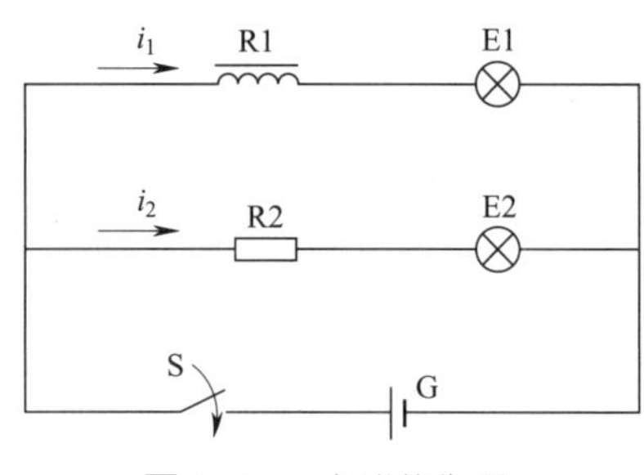

图 2-13　电感的作用

电感器阻碍电流变化的能力用电感量表示，简称电感，用符号 L 来表示，单位是亨利，简称亨（H）。电感由线圈本身的特性决定，线圈越长，单位长度上的匝数越多，截面积越大，电感量就越大。有铁芯的线圈，其电感量要比空心线圈的电感量大得多。电感在数值上等于当电流以 1 A/s 的变化速率通过电感器时，其产生感应电动势的大小。

电感器和电感量都可简称为电感。但电感器表示电感线圈这个元件，用符号 R 代表，而电感量则是衡量电感器阻碍电流变化能力大小的物理量，用符号 L 表示，二者不能混淆。

将电感器接入交流电路中，由于交流电的大小和方向时刻都在变化，电感线圈中便不停地产生自感电动势，自感电动势时刻起着阻碍电流变化的作用。通常把电感对交流电的阻碍作用称为感抗，用 X_L 表示，单位也是欧姆（Ω）。线圈自感系数越大，感抗越大；交流电频率越高，线圈感抗也越大。电感线圈感抗的计算式为：

$$X_L=\omega L=2\pi fL$$

式中，ω——正弦交流电的角频率，rad/s；

L——线圈的电感，H。

从式中可看出，感抗值的大小与交流电频率 f、电感 L 的大小成正比。对具有某一固定电感量的线圈而言，f 越高则 X_L 越大，在相同电压作用下，线圈中的电流就会减小。在直流电路中，因频率 f=0，故线圈的感抗也等于零。由于一般线圈的电阻很小，故电感器在直流电路中可视为短路。

因此，电感器在电路中的主要作用为通直流，阻交流。

2. 纯电感电路中电流与电压的关系

在纯电感电路中，电流和电压的频率相同，但电感两端的电压比电流超前 90°，即电流比电压滞后 90°，如图 2-14 所示。

设流过电感的正弦电流的初相为零，则电流、电压的瞬时值表达式分别为：

$$i=I_m\sin\omega t$$

$$u_L=U_{Lm}\sin\left(\omega t+\frac{\pi}{2}\right)$$

在纯电感电路中，电流的有效值与电压的有效值成正比，与感抗成反比，即：

$$I=\frac{U}{X_L}$$

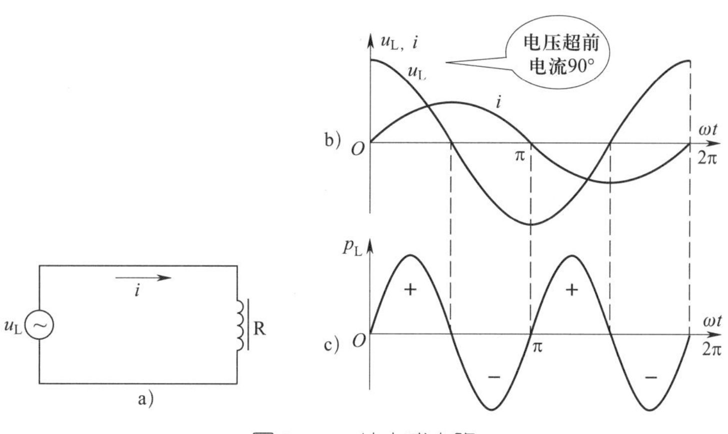

图 2–14　纯电感电路

a）电路图　b）波形图　c）功率曲线图

这就是纯电感电路的欧姆定律。在纯电感电路中，电流与电压的有效值仍满足欧姆定律，但由于电流与电压的相位不同，电流与电压的瞬时值不满足欧姆定律。

3. 纯电感电路的功率

将图 2–14b 中同一瞬间 u 和 i 的数值逐点相乘，便可得到如图 2–14c 所示的功率曲线图。由图可见，瞬时功率在一个周期内有时为正值，有时为负值。瞬时功率为正值，说明电感从电源吸收能量储存起来；瞬时功率为负值，说明电感又将能量返还给电源。

纯电感电路在一个周期内吸收的能量与释放的能量相等，也就是说纯电感电路不消耗能量，是一种储能元件。

不同的电感与电源转换能量的多少也不同，通常用瞬时功率的最大值来反映电感与电源之间转换能量的大小，称为无功功率。无功功率用 Q_L 表示，计算式为：

$$Q_L=U_L I=I^2X_L=\frac{U_L^2}{X_L}$$

为与有功功率相区别，无功功率的单位用乏表示，符号为 var。

必须指出，“无功”的含义是“交换”而不是“消耗”，它是相对于“有功”而言的，绝不能理解为“无用”。实际中许多含有电感性质的负载，如电动机、变压器等，都是根据电磁转换原理利用无功功率来工作的。

三、纯电容正弦交流电路

1. 电容器

两个相互绝缘又靠得很近的导体就组成了一个电容器，简称电容。电容器是构成电路的基本元件之一，在电子产品和电气设备中有广泛的应用。几种常用电容器的外形如图 2–15 所示。

电容器的两个导体称为电容器的极板，中间的绝缘材料称为电容器的介质。如图 2–16 所示的纸介电容器，就是在两块铝箔之间插入纸介质，卷绕成圆柱形而构成的。电容器的符号如图 2–17 所示。

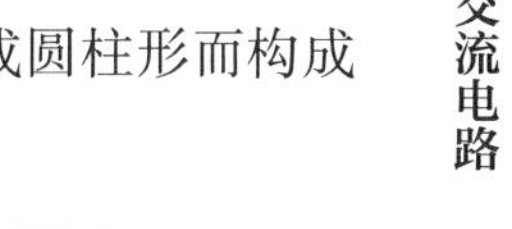

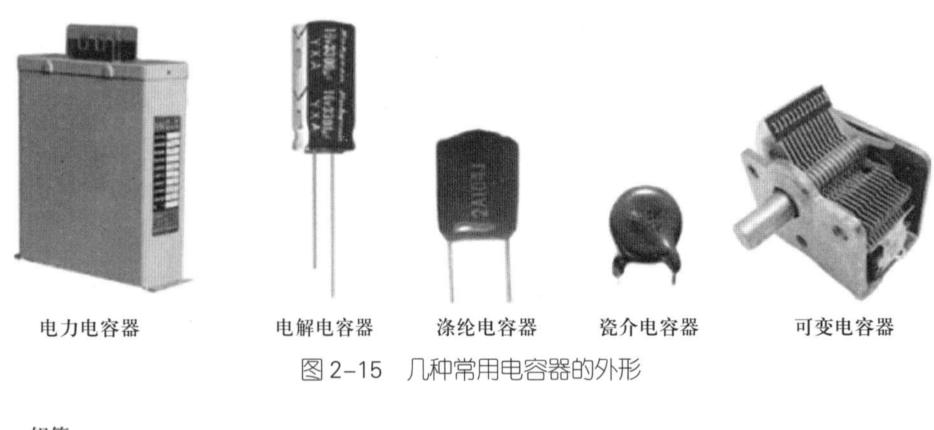

图 2–15　几种常用电容器的外形

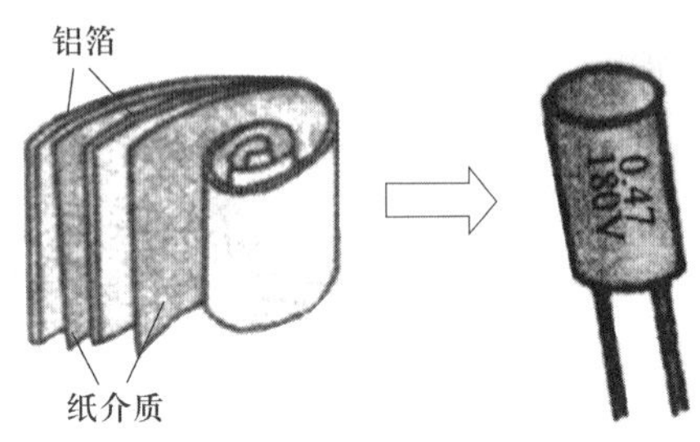

图 2–16　纸介电容器

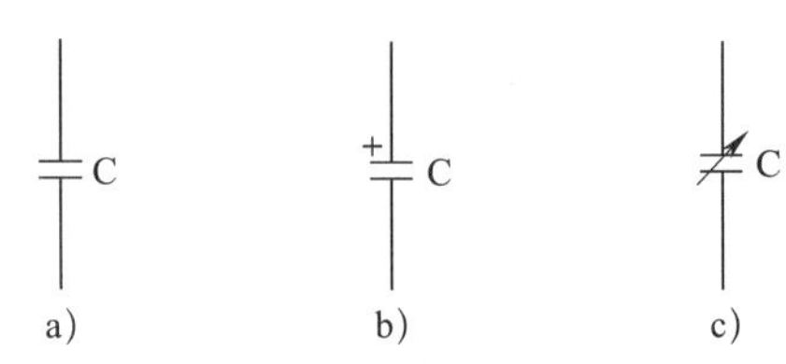

图 2–17　电容器的符号
a）电容器　b）电解电容器　c）可变电容器

由于电容器的两个极板之间是绝缘的，所以直流电不能通过电容器，这一特性称为隔直。电容器能够储存电荷，这是它最基本的特性。使电容器带电的过程称为充电。把电容器的一个极板接通电源正极，另一个极板接通电源负极，两个极板就分别带上了等量的异种电荷，电容器在储存了一定量电荷的同时也储存了电能。

充电后的电容器失去电荷的过程称为放电。用一根导线把电容器的两极接通，两极板上的电荷相互中和，电容器就不带电了。

对于在电路中使用的电容器，切断电源后，电容器中仍有剩余电荷，因此，在检测电容器之前必须先将其放电，以免损坏测试设备或对操作者造成电击。

2. 电容量

原来不带电的电容器接上直流电源后，它的两个极板就会储存电荷，而且所加的电压越大，电容器所储存的电荷就越多。对某一个电容器来说，电荷量与电压的比值是一个常数，称为电容器的电容量（简称电容），用来表征电容器储存电荷的能力，用符号 C 表示。电容量在数值上等于电容器在 1 V 电压作用下所储存的电量，即：

$$C=\frac{Q}{U}$$

电容量的单位是法拉，简称法，用 F 表示，常用的单位有微法（μF）和皮法（pF），各单位间的换算关系为：

$$1\ \mathrm{F}=10^{6}\ \mu\mathrm{F}=10^{12}\ \mathrm{pF}$$

电容量是电容器的固有属性，它只与电容器的极板正对面积、极板间距离以及极板间电介质的特性有关，而与外加电压的大小等外部条件无关。电容器和电容量也都可以简称为电容，使用时要注意二者的区别。

3. 容抗

当电容器外接交流电时，电源与电容器之间不断充电和放电，电容器对交流电也会有阻碍作用。电容对交流电的这种阻碍作用称为容抗，用 X_C 表示，单位也是欧姆（Ω）。容抗的计算式为：

$$X_C=\frac{1}{\omega C}=\frac{1}{2\pi fC}$$

由上式可见，容抗的大小与频率及电容量成反比。当电容器的容量一定时，频率 f 越高，则容抗 X_C 越小；在直流电路中，因频率 f=0，故电容器的容抗为无穷大。电容器的容抗与电流、频率的关系可以简单概括为隔直流，通交流；阻低频，通高频。

4. 纯电容电路中电流与电压的相位关系

把电容器接到交流电路中，如果电容器的电阻和分布电感可以忽略不计，则可以把这种电路近似看成是纯电容电路，如图 2-18a 所示。

在纯电容电路中，电压比电流滞后 90°，即电流比电压超前 90°，如图 2-18b 所示。

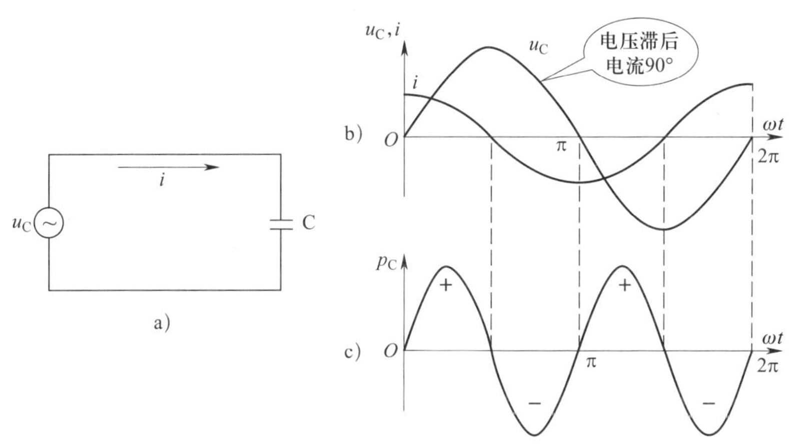

图 2-18　纯电容电路

a）电路图　b）波形图　c）功率曲线图

5. 纯电容电路中电流与电压的数量关系

在纯电容电路中，电流与电压的有效值也符合欧姆定律，即：

$$I=\frac{U_C}{X_C}$$

但由于电流与电压的相位不同，故电流与电压的瞬时值不满足欧姆定律。

6. 纯电容电路的功率

纯电容电路的功率曲线如图 2-18c 所示，在一个周期内的平均功率为零。电容也是储能元件，瞬时功率为正值，说明电容从电源吸收能量转换为电场能储存起来；瞬时功率为负值，说明电容又将电场能转换为电能返还给电源。

与纯电感电路相类似，为了衡量电容器和电源之间的能量转换，用瞬时功率的最大值来表示转换能量的大小，也称为无功功率，用 Q_C 来表示，它的数学式为：

$$Q_C=U_C I=I^2X_C=\frac{U_C^2}{X_C}$$

无功功率 Q_C 的单位也是乏（var）。

四、电阻与电感串联正弦交流电路

在实际的交流电路中，往往同时存在电阻、电感、电容中的几个参数，如电动机和变压器中的线圈就构成了电阻与电感串联的交流电路，如图 2–19 所示为一个电阻与电感串联电路。

1. 电流与电压的相位关系

在电阻与电感串联电路中，通过电阻和电感线圈的电流是相同的，即：

$$i=I_m\sin\omega t$$

电阻两端的电压为：

$$u_R=I_mR\sin\omega t$$

电感两端的电压为：

$$u_L=I_mX_L\sin\left(\omega t+\frac{\pi}{2}\right)$$

如果以电流为参考相量，则通过电阻的电压和电流同相位，而通过电感的电压则超前电流 90°。电流与电压的相量图如图 2–20 所示，可以看出，在电阻与电感串联电路中，电压 U 超前电流 I 一个角度 φ。

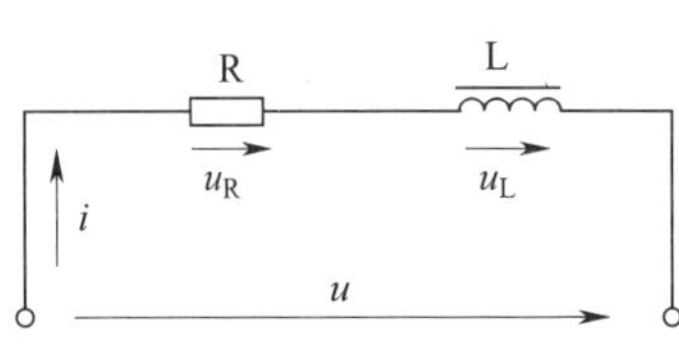

图 2–19　电阻与电感串联电路

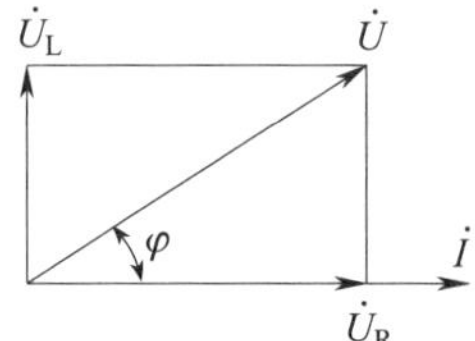

图 2–20　电流与电压的相量图

2. 电压间的数量关系

由相量图可以看出，$\dot{U}$、$\dot{U}_R$ 和 $\dot{U}_L$ 构成了一个直角三角形，因此总有效电压 U 为：

$$U=\sqrt{U_R^2+U_L^2}$$

如果将 $U_R=IR$、$U_L=IX_L$ 代入，则得

$$U=I\sqrt{R^2+X_L^2}$$

令

$$Z=\sqrt{R^2+X_L^2}$$

则

$$U=IZ$$

一般将上式称为交流电路的欧姆定律，其中 Z 称为阻抗，单位为欧姆（Ω）。当电压一定时，Z 越大，电流越小，即 Z 起着阻碍电流的作用。

很显然，$\dot{Z}$、$\dot{R}$、$\dot{X}_L$ 也构成一个直角三角形，称为阻抗三角形，如图 2–21 所示。

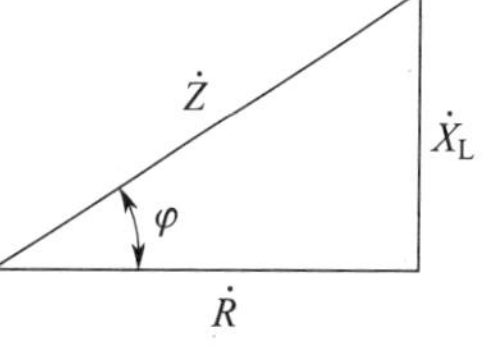

图 2–21　阻抗三角形

3. 电路消耗的功率

在电阻与电感串联电路中，只有电阻是消耗功率的，所以电路中的有功功率就是电阻上消耗的功率，即：

$$P=U_RI=I^2R=UI\cos\varphi$$

电路中的无功功率为电感上的无功功率，即：

$$Q=U_LI=I^2X_L=UI\sin\varphi$$

电压有效值与电流有效值的乘积称为视在功率，用 S 表示，单位为伏安（VA）。视在功率的计算公式为：

$$S=UI$$

视在功率常用于表示电源设备的容量，并不代表电路中消耗的功率，负载消耗的功率要视实际运行中负载的性质和大小而定。视在功率和有功功率、无功功率的关系为：

$$P=S\cos\varphi$$

$$Q=S\sin\varphi$$

$$S=\sqrt{P^2+Q^2}$$

由此可得

$$\cos\varphi=\frac{P}{S}$$

将 $\cos\varphi$ 称为功率因数，它是供电线路的运行指标之一，表示电源功率被利用的程度。电力系统通常要求有较高的功率因数，功率因数过低，电源设备的容量就不能充分利用。电力系统中大多数负载是感性负载，如变压器、电动机等，这类负载功率因数较低，为了提高电力系统的功率因数，常在负载两端并联电容，称为并联补偿。

思考与练习

一、填空题

1. 在纯电阻正弦交流电路中，流过电阻上的电流与电阻两端的电压的相位________，且电流与电压的瞬时值、最大值和有效值都符合______。

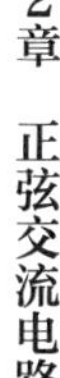

2. 电感在电路中的主要作用是________，________。

3. 在纯电感交流电路中，电流与电压的频率__________，但电感两端的电压相位超前电流相位________。

4. 纯电容交流电路中，电压相位__________于电流相位________。

二、判断题

1. 在纯电阻电路中，电流与电压的瞬时值、最大值和有效值都符合欧姆定律。（　　）

2. “无功”的含义可以理解为“无用”。（　　）

3. 感抗值的大小与交流电的频率成正比，即频率越大，感抗值越大。（　　）

4. 纯电感线圈在交流电的一个周期内的平均功率为零，所以我们无法讨论其功率。（　　）

三、简答题

1. 什么是有功功率？

2. 什么是电感的感抗？感抗的大小与哪些因素有关？

3. 什么是电容的容抗？容抗的大小与哪些因素有关？

四、计算题

一个电感为 5 mH 的线圈，接在 $u=220\sqrt{2}\sin(100\pi t+30°)$ V 的交流电源上，试写出电流的瞬时值表达式，并求出电路的无功功率。

第 3 节　三相正弦交流电路

一、三相交流电概述

1. 三相交流电路的优点

在单相交流电路中，电源只有一个交流电动势和两根输电线。而目前实际应用中，电能的生产、输送和分配绝大多数都采用三相交流电路。三相交流电路是由三相交流电源、三相输电线和三相负载等组成的交流电路，可以看做是由三个单相交流电路组成的电路系统，实际的单相电源大多是从三相交流电源中获得的。

三相交流电之所以能得到广泛的应用，是由于它具有以下优点。

（1）三相发电机比同样尺寸的单相发电机的输出功率大。

（2）在输送相同功率、相同电压和距离、线路损失相等的情况下，采用三相输电可比单相输电节省约 25% 的线材。

（3）工农业生产上广泛使用的三相异步电动机与单相电动机相比，具有结构简单、价格低廉、性能良好、工作可靠等优点。

（4）从三相电力系统中可以很方便地获得三个独立的单相交流电。当有单相负载时，可使用三相交流电中的任意一相。

2. 三相对称电动势

实际应用的三相交流电动势是由三个幅值相等、频率相同、相位彼此相差 120°的单相交流电动势组成，称为三相对称电动势。这三个电动势可分别表示为：

$$e_U=E_m\sin\omega t$$

$$e_V=E_m\sin（\omega t-120°）$$

$$e_W=E_m\sin（\omega t+120°）$$

三相对称电动势的波形图如图 2-22 所示。

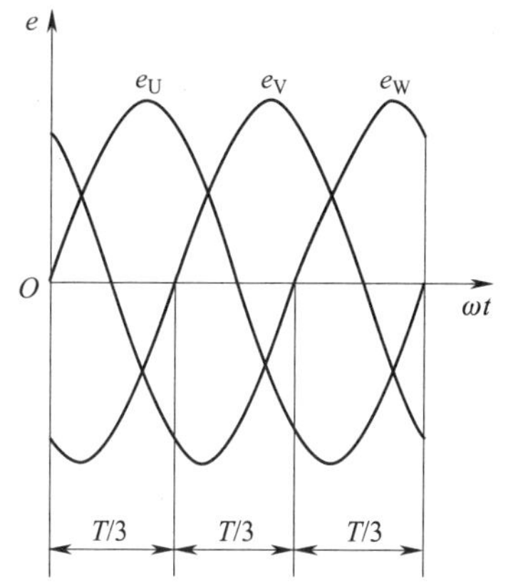

图 2-22 三相对称电动势的波形图

三个交流电动势到达最大值（或零）的先后次序称为三相交流电的相序。一般规定按 U-V-W-U 的次序循环称为正序，按 U-W-V-U 的次序循环则称为负序，且每相电动势的正方向是从线圈的末端指向始端，即电流从始端流出时为正，反之为负。

3. 三相四线制供电线路

目前，在低压供电系统中多采用三相四线制供电线路，如图 2-23a 所示。将三个单相电动势的末端连接在一起，成为一个公共端点，称为中性点，用符号 N 表示。从中性点引出的输电线称为中性线，简称中线。中线通常与大地相接，并把接地的中性点称为零点，接地的中性线称为零线。零线或中线所用导线一般为蓝色（旧标准中常用黑色）。从三个绕组始端引出的输电线称为端线或相线，俗称火线，U、V、W 三根相线分别用黄、绿、红三种颜色标识。为了简便，通常只画四根输电线表示相序，如图 2-23b 所示。

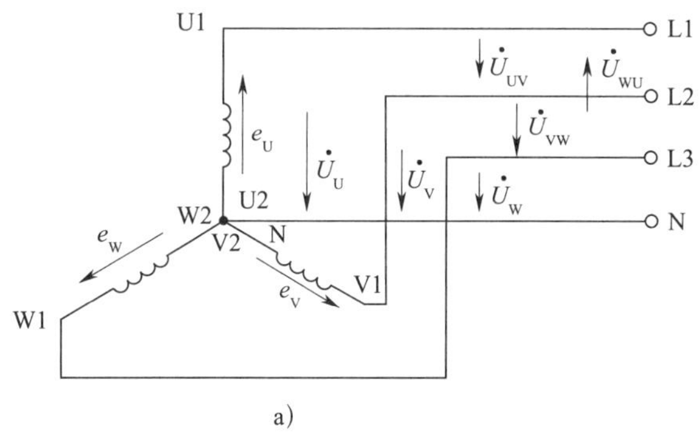

图 2-23 三相四线制供电线路

a）原理图 b）简化画法

三相四线制供电线路可以输出两种电压：一种是相线与相线之间的电压，称为线电压，其有效值通常用 U_L 表示；另一种是相线与中线之间的电压，称为相电压，其有效值通常用 U_P 表示。

线电压总是超前于对应的相电压 30°，二者之间的数量关系为：

$$U_L=\sqrt{3}\,U_P$$

目前我国低压供电系统中的线电压为 380 V，相电压为 220 V，常写作“电源电压 380/220 V”。许多电气设备（如三相异步电动机、三相空调机等）使用三相交流电；而电灯、电视机、电风扇等家用电器及单相电动机工作时使用单相交流电，用两根导线接到电路中的零线和一个相线。

在低压配电线路中，广泛采用习惯上称为三相五线制的供电线路，它是在三相四线制的基础上，另增加一根专用保护线（也称保护零线，用 PE 表示，用黄绿双色线标识）与接地网相连，可以更好地起到保护作用，如图 2–24 所示。

保护线是为了防止设备漏电可能对人体造成的危害而设置的，应可靠地连接于设备的金属外壳上，方能起到良好的保护作用。

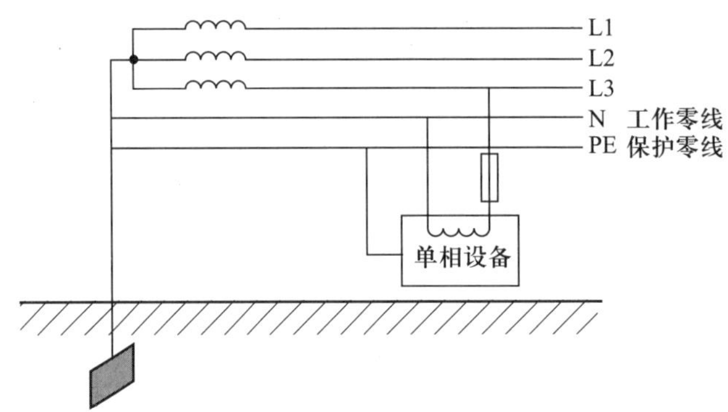

图 2–24　三相五线制供电线路

二、三相负载的连接方式

工作时需要接在三相电源上的负载统称为三相负载。如果各相负载的电阻、电抗相同，则称为三相对称负载，如三相电动机、三相变压器、三相电炉等；如果三相负载不同，则称为三相不对称负载，如整个教学楼的照明负载。

任何电气设备在实际工作时，都要求承受的电压不能超过其额定电压，所以负载要采用一定的连接方式，使负载实际承受的电压与其额定电压相符，以保证三相负载安全可靠地工作。三相负载的连接方式有星形（Y）连接和三角形（△）连接两种。

1. 三相负载的星形连接

将三相负载分别接在三相电源的一根相线与中线之间的接法称为星形连接，如

图 2–25 所示。

负载两端的电压称为负载的相电压。当三相负载作星形连接时，负载的相电压就等于电源的相电压，电源的线电压为负载相电压的$\sqrt{3}$倍，即：

$$U_{YL}=\sqrt{3}\,U_{YP}$$

流过每根相线的电流称为线电流，其方向规定为由电源流向负载；流过每相负载的电流称为相电流，其方向规定为与相电压方向一致；流过中线的电流称为中线电流，其方向规定为由负载中性点 N′ 流向电源中性点 N。显然，三相负载作星形连接时，线电流等于相电流，即：

$$I_{YL}=I_{YP}=\frac{U_{YP}}{Z_P}$$

三相对称负载作星形连接时，中线电流为零，即中线上没有电流流过，故可省去中线，此时并不影响三相电路的工作，各相负载的相电压仍为对称的电源相电压，这样三相四线制就变成了三相三线制，如图 2–26 所示。三相三线制电路可达到既节约线路成本又不影响线路正常工作的目的。通常在高压输电时，由于三相负载都是对称的三相变压器，所以都采用三相三线制。低压供电系统中的动力负载也多采用这种供电方式。

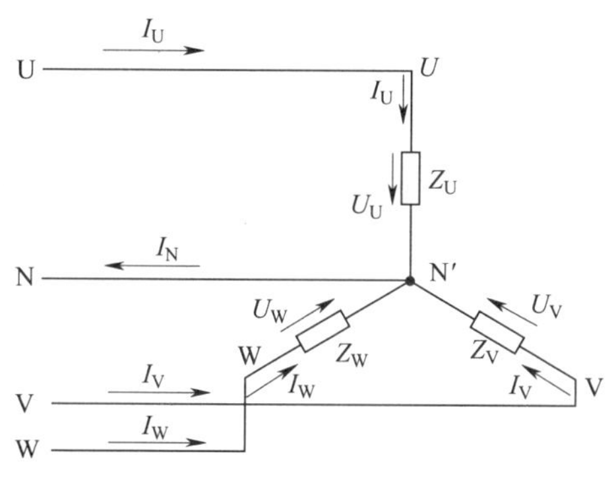

图 2–25　三相负载的星形连接

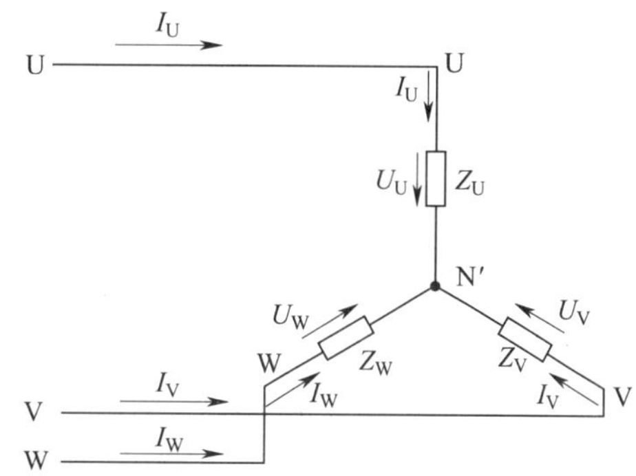

图 2–26　三相对称负载的星形连接

通常在低压供电系统中，由于三相负载经常要变动（如照明电路中的灯具经常要开和关），各相不同负载组成了三相不对称负载。这种情况下，三相四线制电路中的中线电流不为零，中线不能取消。这时，只有中线存在才能保证三相电路成为三个独立回路，不会因负载的变动而相互影响。如果中线断开，各相负载的电压就不再等于电源的相电压，这时阻抗较小负载的相电压可能低于其额定电压而无法正常工作；阻抗较大负载的相电压可能高于其额定电压而烧毁，甚至会造成严重的事故。因此，在三相四线制中，中线不准安装熔断器和开关，以免断开。同时，在连接三相负载时，应尽量使其平衡以减小中线电流，如在三相照明线路中，就应将照明负载平均连接在三相上，而不应过分集中在某一相或两相上。

2. 三相负载的三角形连接

把三相负载分别接在三相电源每两根相线之间的接法称为三相负载的三角形连接，

如图 2–27 所示。在三角形连接中，由于各相负载都接在两根相线之间，因此不论负载是否对称，各相负载的相电压均与电源的线电压相等，即：

$$U_{\triangle L}=U_{\triangle P}$$

三相对称负载作三角形连接时，线电流和相电流的大小关系为：

$$I_{\triangle L}=\sqrt{3}\,I_{\triangle P}$$

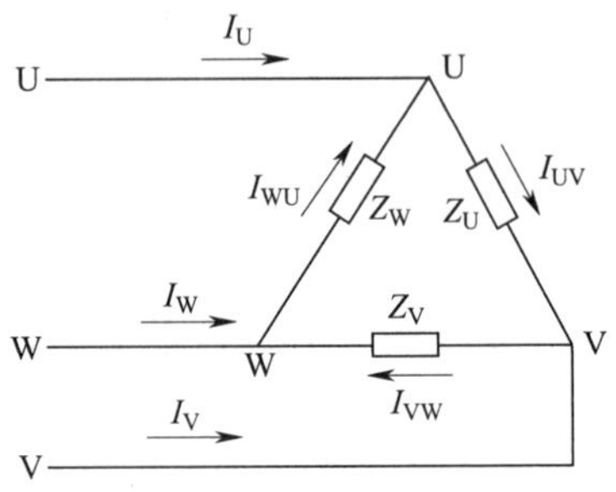

各线电流在相位上比与它相对应的相电流滞后 30°。

图 2–27　三相负载的三角形连接

三相不对称负载三角形连接时，各相负载相电压均等于电源线电压，但三根相线的线电流不相等，三相负载的相电流不相等。

3. 三相负载的功率

在三相交流电源中，三相负载消耗的总功率为各相负载消耗的功率之和，即：

$$P=P_U+P_V+P_W=U_UI_U\cos\varphi_U+U_VI_V\cos\varphi_V+U_WI_W\cos\varphi_W$$

其中，U_U、U_V、U_W 为各相负载的相电压，I_U、I_V、I_W 为各相负载的相电流，$\cos\varphi_U$、$\cos\varphi_V$、$\cos\varphi_W$ 为各相负载的功率因数。

在对称三相电路中，各相负载的相电压、相电流的有效值相等，功率因数也相等，因而总有功功率为一相有功功率的 3 倍，即：

$$P=3U_PI_P\cos\varphi=3P_P$$

在实际工作中，测量线电流比测量相电流要方便些，因此三相功率的计算式通常用线电流、线电压来表示。

当对称负载作星形连接时，有功功率为：

$$P=3U_{YP}I_{YP}\cos\varphi=3\frac{U_L}{\sqrt{3}}I_L\cos\varphi=\sqrt{3}\,U_LI_L\cos\varphi$$

当对称负载作三角形连接时，有功功率为：

$$P=3U_{\triangle P}I_{\triangle P}\cos\varphi=3U_L\frac{I_L}{\sqrt{3}}\cos\varphi=\sqrt{3}\,U_LI_L\cos\varphi$$

即三相对称负载不论是作星形连接还是三角形连接，其总有功功率均为：

$$P=\sqrt{3}\,U_LI_L\cos\varphi$$

要注意上式中的 φ 仍是负载相电压与相电流之间的相位差，而不是线电压与线电流间的相位差。

同理可得对称三相负载的无功功率和视在功率的计算式分别为：

$$Q=\sqrt{3}\,U_LI_L\sin\varphi=3U_PI_P\sin\varphi$$

$$S=\sqrt{3}\,U_LI_L=3U_PI_P$$

【例 2–2】 在 380/220 V 的三相四线制交流电源（频率为 50 Hz）上，将三盏额定电压为 220 V，电阻为 1 210 Ω 的灯泡接入电路，如图 2–28 所示。计算线路瞬时电流、有效电流、通过零线的电流和三相负载的总功率。

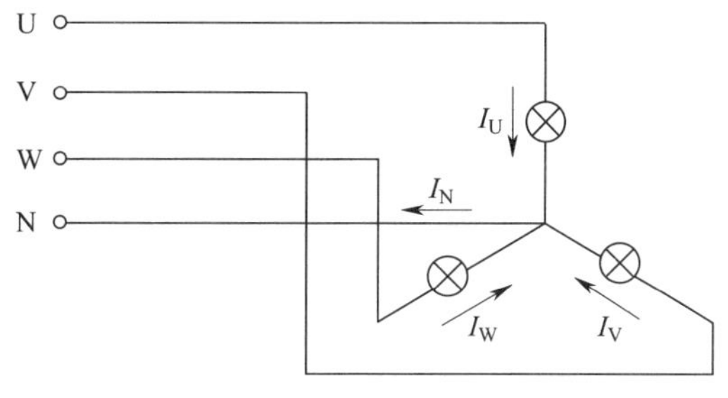

图 2-28　例 2-2 图

解：

（1）通过灯泡的瞬间电流为：

$$i_U=\frac{u_U}{R}=\frac{220\sqrt{2}}{1\ 210}\sin 100\ \pi t\ \text{A}=0.182\sqrt{2}\ \sin 100\ \pi t\ \text{A}$$

$$i_V=\frac{u_V}{R}=\frac{220\sqrt{2}}{1\ 210}\sin（100\pi t-120°）\text{A}=0.182\sqrt{2}\ \sin（100\pi t-120°）\text{A}$$

$$i_W=\frac{u_W}{R}=\frac{220\sqrt{2}}{1\ 210}\sin（100\pi t+120°）\text{A}=0.182\sqrt{2}\ \sin（100\pi t+120°）\text{A}$$

（2）三个灯泡的电阻相同，所以线路为三相对称负载的星形连接，通过灯泡的电流的有效值相同，均为：

$$I=\frac{U}{R}=\frac{220}{1\ 210}\ \text{A}=0.182\ \text{A}$$

（3）由于各相负载对称，所以流过的三相电流也对称，通过零线的电流为 0。

（4）三相负载的总功率为：

$$P=P_U+P_V+P_W=3P_U=3\times\frac{U^2}{R}=3\times\frac{220^2}{1\ 210}\ \text{W}=120\ \text{W}$$

三、交流电路的简单测量

在三相四线制或三相五线制供电线路中，相线的对地电压为 220 V，零线和保护线的对地电压为零（其本身跟大地连接在一起）。当人体的一部分触碰了相线，而另一部分与大地接触时，人的这两个部分之间的电压就是 220 V，会发生触电危险。在实际工作过程中，为了保证用电安全，防止触电事故的发生，经常需要用验电笔或万用表对电路进行简单测量。

1. 常见插座

目前，常用的单相电源插座大多是单相二线插座或单相三线插座，如图 2-29a 所示。当电气设备没有接地要求时，如台灯、电视机等，可用单相二线插座，单相二线插座的两个接线柱分别接火线和零线，顺序是左侧插孔接零线，右侧插孔接火线，即“左零右火”。当电气设备有接地要求时，如电脑、洗衣机、电冰箱、电热水器等，可

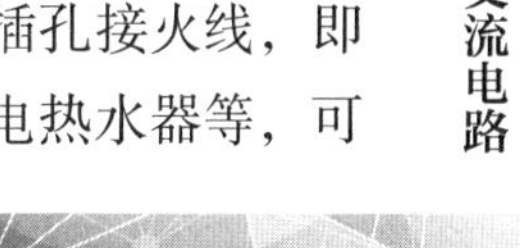

用单相三线插座。

常见的还有三相四线制插座，如图 2-29b 所示。

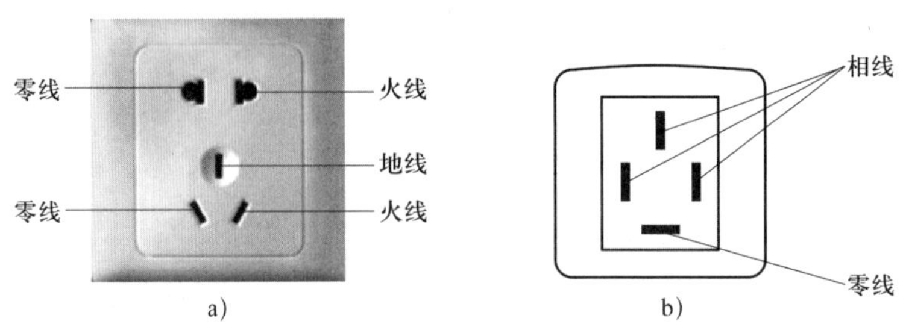

图 2-29　常用插座

a）单相插座　b）三相四线制插座

2. 验电笔使用方法

验电笔（简称电笔）是电工在检修、安装电气设备时，经常使用的一种低压辅助工具，主要用于检测物体是否带电，以区分零线和相线。

常用验电笔有笔式和旋具式等，由笔尖金属体（或旋具）、电阻、氖管、笔身、笔尾金属体、弹簧等组成，如图 2-30 所示。氖管中充有稀薄的氖气，当笔尖和笔尾间的电压达到一定值时，氖气就导电，电流从笔尖流向笔尾，氖气会发出红光。

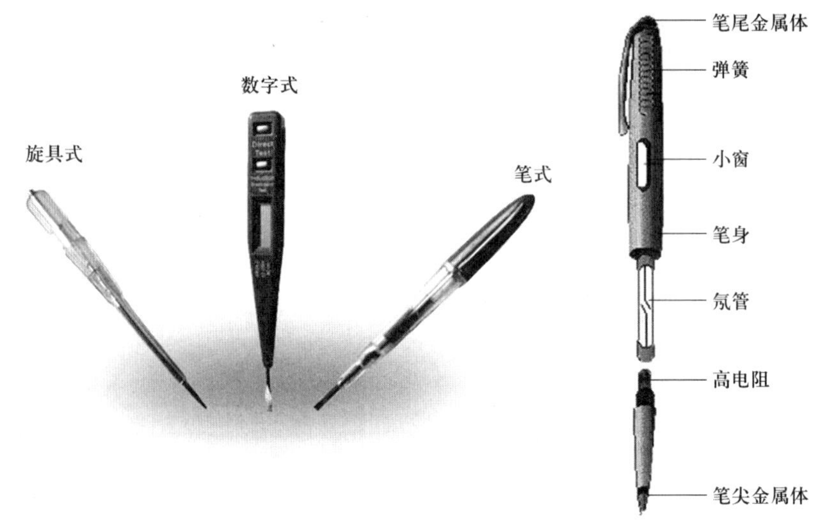

图 2-30　验电笔的外形和结构

使用验电笔时，握笔的方法见表 2-1，注意要用笔尖接触被测的导体，笔尾金属体要接触手的一部分，而手指千万不要碰到笔尖的金属部分。

用验电笔检测插座的方法如图 2-31 所示，正确握住笔身，将验电笔的笔尖插入墙壁插座的火线插孔（见图 2-31a），观察氖管是否发光，若氖管发光，说明插座的火线带电。将验电笔的笔尖分别插入零线（见图 2-31b）和地线（见图 2-31c），正常情况下氖管不应发光，若氖管发光，则说明零线和地线带电，线路有故障，需要检修。

表 2-1　验电笔的握法

验电笔类型	握笔方法	正确握法	错误握法
旋具式	旋具式握法		
笔式	钢笔式握法		

a）

b）

c）

图 2-31　用验电笔对插座进行验电

a）检测火线　b）检测零线　c）检测地线

使用验电笔进行测量时需要注意如下几点。

（1）电路中各部位在未验电前，一律视为有电。

（2）验电笔的测量电压范围为 60 ~ 500 V。

（3）在使用前先用验电笔试测某已知带电物体，观察氖管能否正常发光，以确保验电笔能正常使用。

（4）在光线明亮的场合使用验电笔时，要遮挡光线，以便看清氖管是否发光，防止误测。

（5）在测试过程中切不可用手或身体其他部位接触笔尖金属体，以防触电。

3. 用万用表测量交流电压

在实际工作过程中，有时需要知道电压的准确值，这时一般需要用万用表进行测量。用万用表测量单相插座电压的步骤如下。

（1）万用表测量前的调整

1）万用表水平放置。

2）检查表针是否停在表盘左端的零位。如有偏离，可用旋具轻轻转动表头上的机械零位调整旋钮，使表针指零。

3）将万用表红表笔插入“+”插孔，黑表笔插入“–”插孔。

4）将选择开关旋置合适挡位（如交流 250 V 挡位置）。先估测被测量，若无法估测应从大量程开始试测，如果用小量程去测量大电压，则会有烧表的危险；如果用大量程去测量小电压，则指针偏转太小，无法读数。

（2）将万用表红黑表笔前金属探针分别插入火线和零线插孔内。注意手不得触及表笔金属体，以防发生触电事故。

（3）观察万用表指针的指示位置，在刻度盘“V 250”刻度尺上进行读数并记录数值。若出现指针快速右偏超出刻度尺最大值的现象，应立即停止测量。注意在带电测量过程中不得切换转换开关。

思考与练习

一、填空题

1. 实际应用的三相交流电动势是由三个幅值______、频率______、相位彼此相差______的单相交流电动势组成，称为三相对称电动势。

2. 三相四线制供电线路可以输出两种电压：一种是相线与相线之间的电压，称为______；另一种是相线与中线之间的电压，称为______。

3. 目前我国低压供电系统中的线电压为______V，相电压为______V。

4. 三相负载的连接方式有__________和__________两种方式。

二、判断题

1. 三相交流电是三个完全相同的交流电的组合。（　　）

2. 三相对称负载星形连接时，通过零线的电流为 0。（　　）

3. 在低压供电系统中，允许在零线上安装断路器和开关。（　　）

4. 只有零线存在，就能保证三相四线制线路中的三相电路成为三个互不影响的独立回路。（　　）

三、简答题

1. 三相交流电路有哪些优点？

2. 使用验电笔进行测量时需要注意什么问题？

四、计算题

有一三相对称负载连接在线电压为 380 V 的电源上，每相负载的电阻 R=16 Ω，感抗 X_L=12 Ω。试计算负载分别接成星形和三角形时的相电流和线电流。

第4节 变 压 器

变压器是利用电磁感应原理把交流电压升高或降低，并且保持其频率不变的一种静止的电气设备。将低压变成高压的变压器叫作升压变压器，将高压变成低压的变压器叫作降压变压器。

在工农业生产和日常生活中，经常需要各种不同电压等级的交流电压。例如，为提高输电效率，需要用变压器将输电电压升高到 110 kV、220 kV 甚至更高，而电能被送到用电区后，用户往往又需要通过变压器降压，以满足不同设备的需要，如普通笼型异步电动机需要 380 V 交流电压，车间里照明灯使用 220 V 交流电压，潮湿和不安全处用电需要 36 V、24 V 的安全电压等。

变压器除了能改变交流电压外，还可以改变交流电流（如电流互感器）、变换阻抗（如电子电路中的输入、输出变压器）以及改变相位（如脉冲变压器）等。变压器是输配电系统、电工测量及电子技术等方面不可缺少的重要电气设备。

变压器的种类很多，按用途分为电力变压器和专用变压器（如电炉变压器、电焊变压器、仪用变压器、整流变压器等）；按相数分为单相、三相和多相变压器；按冷却方式分为干式、油浸式和充气式变压器。

一、变压器的基本结构

变压器的种类繁多，结构各有特点，但它们的基本结构相同，都是由闭合的铁芯和绕在铁芯上的线圈组成。铁芯和线圈之间以及不同的线圈之间是彼此绝缘的。单相变压器的基本结构和符号如图 2–32 所示。

1. 绕组

变压器的线圈又称为绕组，是变压器的电路部分。常用绝缘铜线（俗称漆包线）或铝线绕制而成。

通常情况下，小型变压器至少应有两个绕组，与电源相接的绕组称为一次侧绕组，简称一次绕组，与负载相接的绕组称为二次侧绕组，简称二次绕组。根据需要，变压器的二次绕组可以有多个，以提供不同的交流输出电压。通常规定：凡与一次绕组有关的各量都在其表示符号的右下角标“1”，与二次绕组有关的各量都在其表示符号的右下角标“2”。

2. 铁芯

铁芯是变压器的磁路部分，同时起支撑绕组的作用。为了提高铁芯的导磁性能，减小铁芯的损耗，变压器的铁芯通常由导磁性能较好、相互绝缘的薄硅钢片叠合而成。

根据绕组和铁芯安装位置的不同，变压器可分为芯式和壳式两种，如图 2–33 所示。

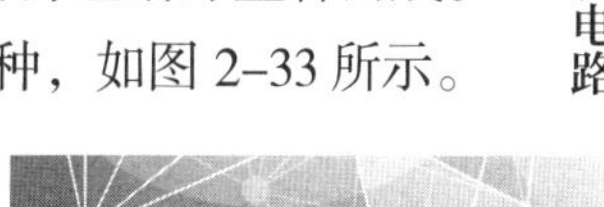

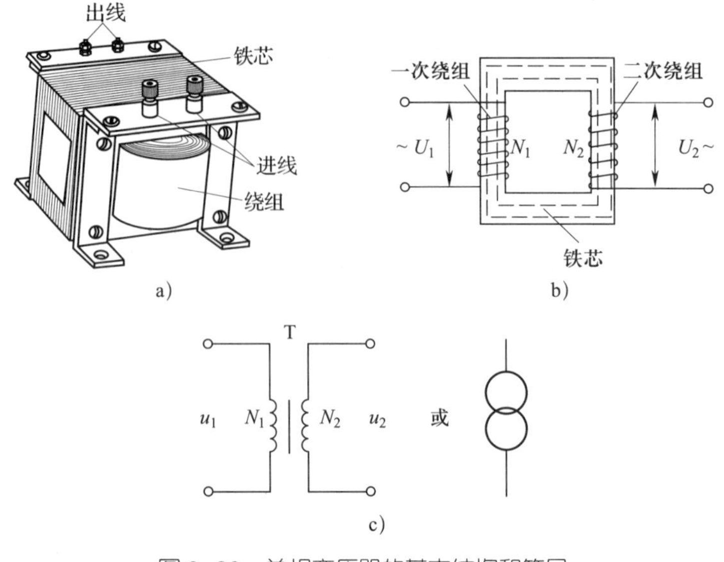

图 2–32　单相变压器的基本结构和符号

a）外形　b）结构　c）符号

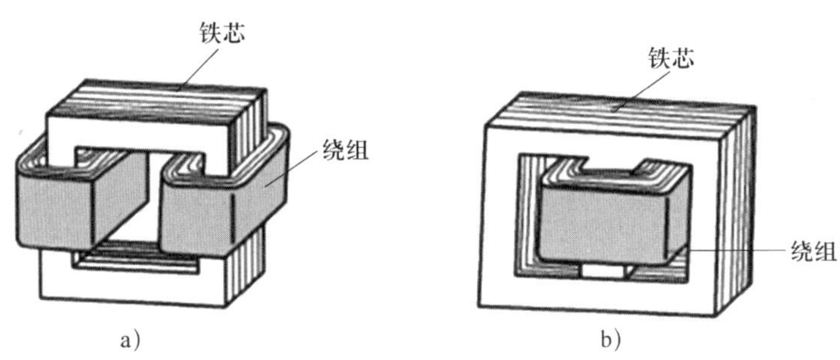

图 2–33　芯式和壳式变压器

a）芯式　b）壳式

变压器在工作时，铁芯和绕组都会发热，因此必须采取冷却措施。小容量变压器多采用空气冷却方式，大容量变压器多采用油浸自冷、油浸风冷或强迫油循环风冷等方式。如图 2–34 所示为常见的油浸式电力变压器，其铁芯和绕组都浸在变压器油内。变压器油除了起冷却作用外，还能增强变压器内部的绝缘性能，油箱外壳接有油管，用以促进油的对流，加速油冷却。

图 2–34　油浸式电力变压器

二、变压器的工作原理

变压器是利用电磁感应原理从一个电路向另一个电路传递电能或传输信号的电气设备。当变压器一次绕组接上交流电源后，在一次绕组中就有交流电流通过，于是在铁芯中就会产生交变磁通，这个交变磁通同时穿过一次绕组和二次绕组，根据电磁感应定律，在一次绕组中产生自感电动势的同时，在二次绕组中产生互感电动势。如果二次绕组接有负载构成闭合回路，就会有感应电流流过负载。

在实际工作过程中，变压器一次绕组中电流产生的磁通绝大部分被铁芯束缚而同时穿过一、二次绕组，这部分磁通称为主磁通。还有很少一部分磁通通过周围的空气形成闭合回路，称为漏磁通，通常情况下漏磁通很小；另外，变压器的绕组和铁芯在工作时也要消耗部分能量，但所占比例很小。为了讨论问题的方便，通常忽略变压器绕组和铁芯的损耗、磁路中漏磁通和磁路饱和的影响，这样的变压器称为理想变压器。如无特殊说明，一般把变压器看成是理想变压器。

1. 变压原理

变压器一次绕组接入交流额定电压，二次绕组开路的工作状态称为变压器空载。变压器一次绕组接入交流额定电压，二次绕组接入负载的工作状态则称为变压器有载。

单相变压器的工作原理如图 2-35 所示。当变压器一次绕组接入交流电压 u_1 时，在一次绕组中便有交流电流 i_1 流过，并在铁芯中产生随电源频率变化的交变磁通，该磁通 Φ 同时穿过一、二次绕组时，在两绕组中产生与电源同频率的感应电动势 e_1、e_2，二次绕组两端的电压 u_2 就是变压器的输出电压。

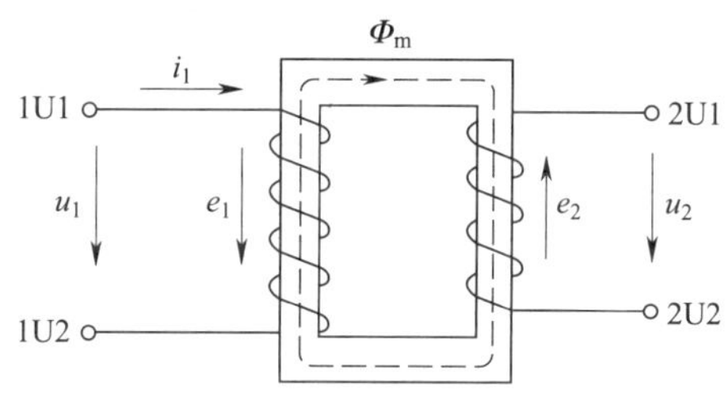

图 2-35　单相变压器的工作原理

设变压器一次绕组、二次绕组的匝数分别为 N_1 和 N_2，忽略绕组中的漏磁通，经推导，可得一、二次绕组中感应电动势的有效值分别为：

$$E_1=4.44fN_1\Phi_m$$

$$E_2=4.44fN_2\Phi_m$$

式中：f——交流电源的频率，Hz；

Φ_m——铁芯中主磁通的最大值，Wb。

对于理想变压器，一次绕组、二次绕组的端电压等于感应电动势，即：

$$U_1=E_1=4.44fN_1\Phi_m$$

$$U_2=E_2=4.44fN_2\Phi_m$$

从而可得

$$\frac{U_1}{U_2}=\frac{N_1}{N_2}=K$$

其中 K 称为电压比或匝数比，简称变比。上式表明，理想变压器一次绕组、二次绕组的电压比等于它们的匝数比。

当 $N_1>N_2$ 时，$K>1$，$U_1>U_2$，变压器使电压降低，这种变压器称为降压变压器。

当 $N_1<N_2$ 时，$K<1$，$U_1<U_2$，变压器使电压升高，这种变压器称为升压变压器。

当 $N_1=N_2$ 时，$K=1$，$U_1=U_2$，变压器变比为 1，这种变压器虽然并不改变电压，但可以将用电设备与电网隔离开来，所以称为隔离变压器。

2. 变流原理

理想变压器在变压的过程中，只起到能量的转换传递作用，根据能量守恒定律，变压器的输入视在功率 S_1 应等于输出视在功率 S_2，因此对于只有两个绕组的变压器，应满足：

$$I_1U_1=I_2U_2$$

即：
$$\frac{I_1}{I_2}=\frac{U_2}{U_1}=\frac{N_2}{N_1}=\frac{1}{K}$$

上式表明，变压器有载时，一、二次绕组的电流比等于变比的倒数，或者说一、二次绕组中的电流与一、二次绕组的电压（或匝数）成反比。

【例 2–3】 一台单相变压器的一次侧电压 U_1=3 kV，变比 K=15，则二次侧电压 U_2 为多大？当二次侧电流 I_2=60 A 时，一次侧电流为多大？

解： 由
$$K=\frac{U_1}{U_2}$$

可得
$$U_2=\frac{U_1}{K}=\frac{3\,000}{15}\text{ V}=200\text{ V}$$

又由
$$\frac{I_1}{I_2}=\frac{1}{K}$$

得
$$I_1=\frac{I_2}{K}=\frac{60}{15}\text{ A}=4\text{ A}$$

三、变压器的铭牌和主要参数

1. 变压器的铭牌

变压器铭牌是了解和使用该变压器的依据，铭牌上记载着变压器的型号和主要额定数据。电工要按铭牌上的规定正确使用和维护变压器，以保证变压器安全、经济地运行。某电力变压器的铭牌如图 2–36 所示。

2. 变压器的主要参数

（1）型号。型号表示变压器的结构特点、额定容量和高压侧电压等级等。如图 2–37 所示为一电力变压器的型号及各参数的意义。

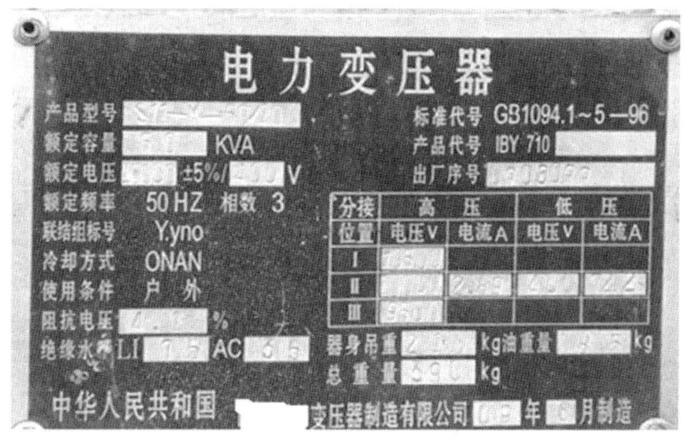

图 2-36　电力变压器的铭牌

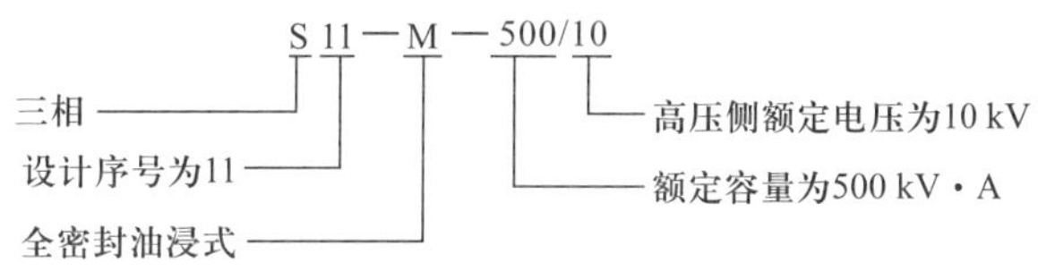

图 2-37　电力变压器的型号及各参数的意义

（2）额定电压。一次绕组的额定电压是指变压器正常运行时，规定一次绕组所加的电压；二次绕组的额定电压是指变压器空载时，一次绕组加上额定电压后，二次绕组两端的电压值。变压器额定电压的大小取决于绝缘材料和允许温升。对于三相变压器，额定电压是指线电压，单位为 V 或 kV。

（3）额定电流。额定电流是指变压器在长期正常运行时，一、二次绕组所能承受的工作电流。在三相变压器中，额定电流指的是线电流，单位为 A。

（4）额定容量。额定容量是指变压器在额定运行条件下能够输出的最大视在功率，单位是 kV · A 或 V · A。

四、常用变压器

1. 三相变压器

在输、配电过程中，常常需要对三相电源进行升压（实现高压输电）和降压（实现低压供电），这就需要使用三相变压器。在输、配电过程中使用的三相变压器也称为电力变压器。

三相变压器实际上就是三个相同的单相变压器的组合，在每个铁芯柱上绕着同一相的一次和二次绕组。常用的三相变压器有三相油浸式变压器和三相干式变压器，如图 2-34、图 2-38 所示。

2. 自耦变压器

普通双绕组变压器的一次绕组和二次绕组是分开的，它们之间只有磁的耦合，没有电的联系。如果把整个绕组作为一次绕组，二次绕组只取绕组的一部分，就成了自耦变压器，如图 2-39 所示。

a）

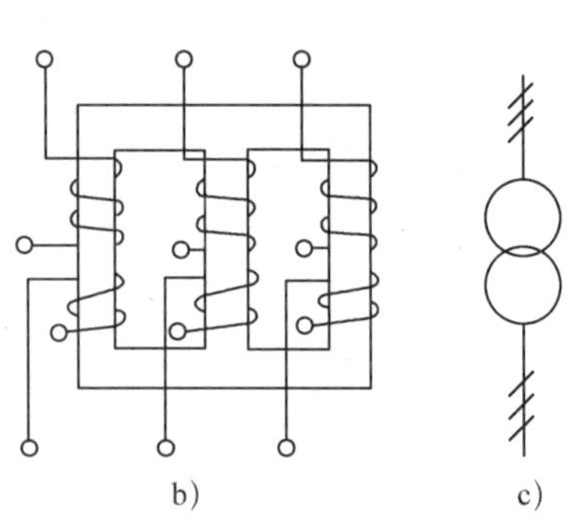

b）

c）

图 2-38　三相干式变压器

a）外形图　b）接线图　c）符号

a）

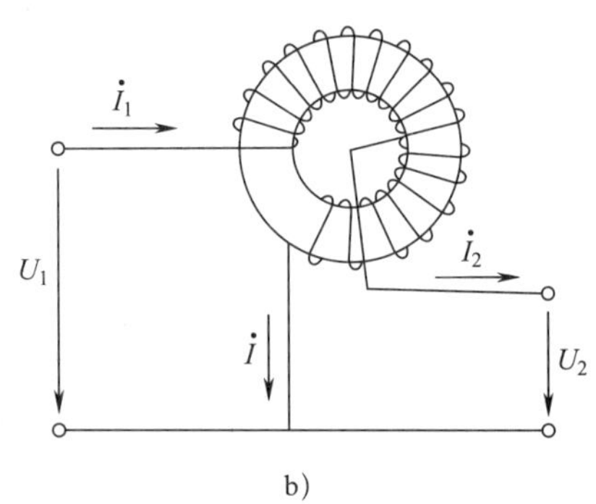

b）

图 2-39　自耦变压器

a）外形图　b）电路图

自耦变压器的优点是结构简单，节省材料。但由于一次侧与二次侧不仅通过磁路耦合，电路还直接相通，为了保证安全，必须加强绝缘，且一、二次侧的公共端必须可靠接地。

3. 电焊变压器

交流电弧焊在生产实际中应用广泛，从结构上看，交流弧焊机就是一台特殊的变压器，工作原理与普通变压器基本相同，通常称为电焊变压器。为了保证焊接质量和电弧燃烧的稳定性，电弧焊对电焊变压器的要求是：空载应有 60 ～ 75 V 的引弧电压，有载时二次电压应迅速下降；当焊条与焊件间产生电弧并稳定燃烧时，维持电弧的正常电压为 25 ～ 35 V；焊条与工件相碰瞬间，短路电流不能过大，以免烧坏焊机；为了能适应不同焊件和焊条，焊接电流的大小要能调节。

为了满足上述要求，电焊变压器的结构与一般变压器不同，常见的有带可调电抗器的电焊变压器、磁分路动铁式电焊变压器、动圈式电焊变压器等几种。

带可调电抗器的电焊变压器的原理如图 2-40 所示。它的二次绕组与一个电抗器串联，电抗器的铁芯有一定的空气隙，转动螺杆可以改变空气隙的距离。空气隙增大时，电抗器感抗减小，电流就会增大；反之，空气隙减小时，电抗器感抗增大，电流就会减小。

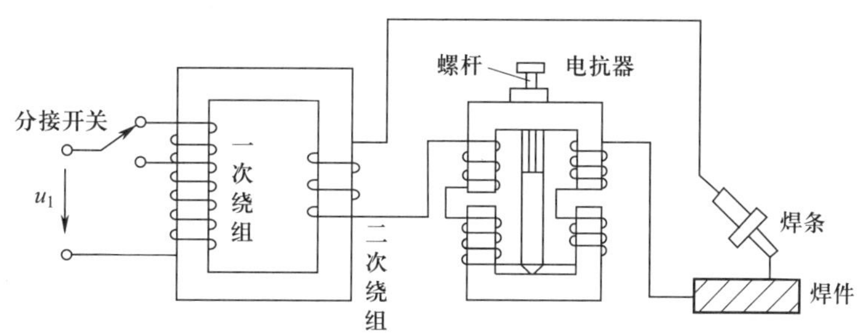

图 2-40　带可调电抗器的电焊变压器的原理图

4. 仪用变压器

仪用变压器是一种专供测量仪表、控制设备和保护设备使用的变压器。仪用变压器可以把待测电压、电流按一定比率变小以便于测量，同时由于一次侧与二次侧之间采用磁耦合，起到很好的电气隔离作用，可保证仪表和测量人员的安全。常用的仪用变压器有电压互感器和电流互感器。

（1）电压互感器。电压互感器实际上就是一个降压变压器，如图 2-41 所示，能把一次绕组的高电压转换成二次绕组的低电压。一般规定二次绕组的额定电压为 100 V。

电压互感器在运行时，二次侧绝对不允许短路；电压互感器的铁芯和二次绕组的一端必须可靠接地，以防止高压绕组绝缘损坏时，铁芯或二次绕组带上高压而危及操作人员的安全。

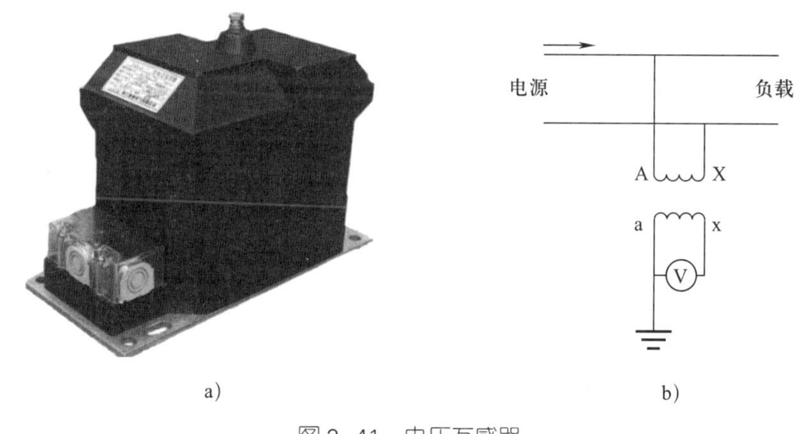

图 2-41　电压互感器

a）外形图　b）接线图

（2）电流互感器。电流互感器是将较大的电流转换为小电流的仪用变压器，如图 2-42 所示。电流互感器一次绕组的电流范围为 10 ~ 25 000 A，二次绕组的额定电流为 5 A。

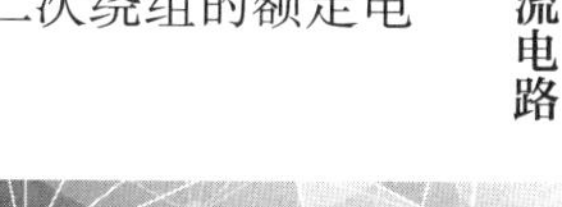

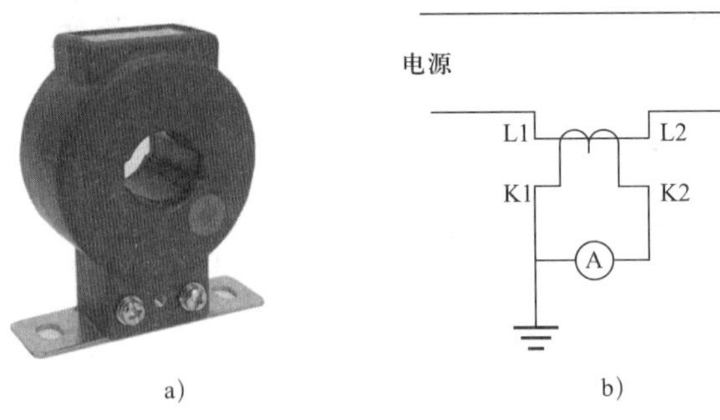

a)　　b)

图 2-42　电流互感器

a）外形图　b）接线图

电流互感器在运行时，二次侧绝对不允许开路；电流互感器的铁芯和二次绕组的一端要同时可靠接地，以防止高压绕组绝缘损坏时，铁芯或二次绕组带上高压而危及操作人员的安全。

（3）钳形电流表。常用的钳形电流表是一种附有测量仪表的电流互感器，如图 2-43 所示，可以在不断开电路的情况下测量电路的电流。测量时先松开铁芯，将被测载流导线放入钳口中，这根导线便成为电流互感器的单匝一次绕组，铁芯上已绕好的二次绕组直接与测量仪表连接，即可测出导线中电流的数值。

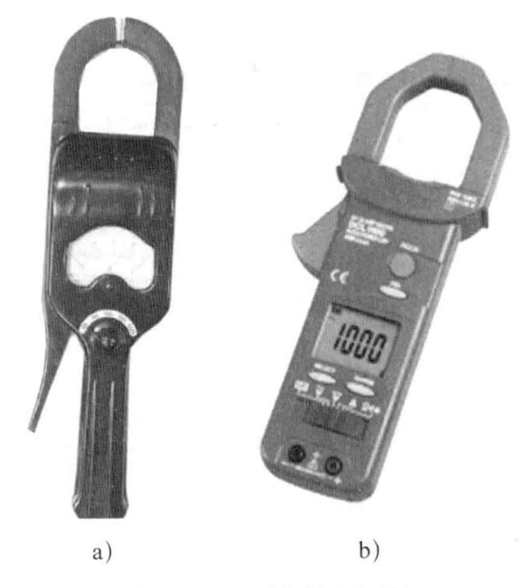

a)　　b)

图 2-43　钳形电流表

a）指针式　b）数字式

思考与练习

一、填空题

1. 变压器是利用________原理把交流电压升高或降低，并且保持其________不变的一种静止的电气设备。

2. 变压器的种类很多，按用途分为________和________（如电炉变压器、电焊变压器、仪用变压器、整流变压器等）；按相数分为________、________和多相变压器；按冷却方式分为________、________和充气式变压器。

3. 与电源相接的绕组称为________，与负载相接的绕组称为________。

4. 铁芯是变压器的________部分，同时起支撑绕组的作用。

5. 变压器一次绕组接入交流额定电压，二次绕组开路的工作状态称为________。

二、判断题

1. 变压器的铁芯和线圈之间以及不同的线圈之间是彼此绝缘的。（　　）

2. 变压器在实际工作过程中，一次绕组中电流产生的磁通绝大部分被铁芯束缚只穿过二次绕组，这部分磁通称为主磁通。（　　）

3. 额定容量是指变压器在额定运行条件下能够输出的最大视在功率，单位是 kV · A 或者 V · A。（　　）

4. 自耦变压器的一次绕组和二次绕组是分开的，相互之间只有磁的耦合，没有电的联系。（　　）

5. 电压互感器实际上就是一个降压变压器。（　　）

供电与安全用电

第 1 节　供电与配电的基本知识

一、电力系统的组成

电能具有便于输送、分配，易于转换为其他形式的能源，便于控制，使用方便等优点，已成为现代工业生产及人民生活的主要能源，应用十分广泛。

如图 3–1 所示为电能生产、传输与分配示意图，工厂及其他电能用户所需的电能是由发电厂发出的，但发电厂往往建在能源基地附近或城市周边，一般距离电能用户很远，发电厂发出的电能要经过变压器升压后远距离输送，而电能用户的负荷电压一般是低压，因此电能必须经过降压后才能分配到用户。

将发电厂生产的电能传输和分配到用户的输配电系统称为电力网，简称电网。而将发电厂、电力网和用户联系起来的一个由发电、输电、变电、配电和用电五部分组成的整体称为电力系统，如图 3–2 所示。电力系统既包括将一次能源转换为电能的发电、输电、配电、用电的一次系统，又包括保证其安全可靠运行的继电保护、自动装置、调度自动化和通信等辅助系统，即二次系统。

1. 发电厂

发电厂又称发电站，是将自然界蕴藏的各种一次能源（如水力、煤炭、石油等）转换成电能（二次能源）的工厂。

发电厂按其所利用的能源不同，可分为火力发电厂、水力发电厂、核能发电厂以及风力发电厂、太阳能发电厂等。

（1）火力发电厂。火力发电是利用煤、石油、天然气等燃料的化学能转换为电能。火力发电厂简称为火电厂，我国火电厂以燃煤为主，如图 3–3 所示为火力发电厂外景

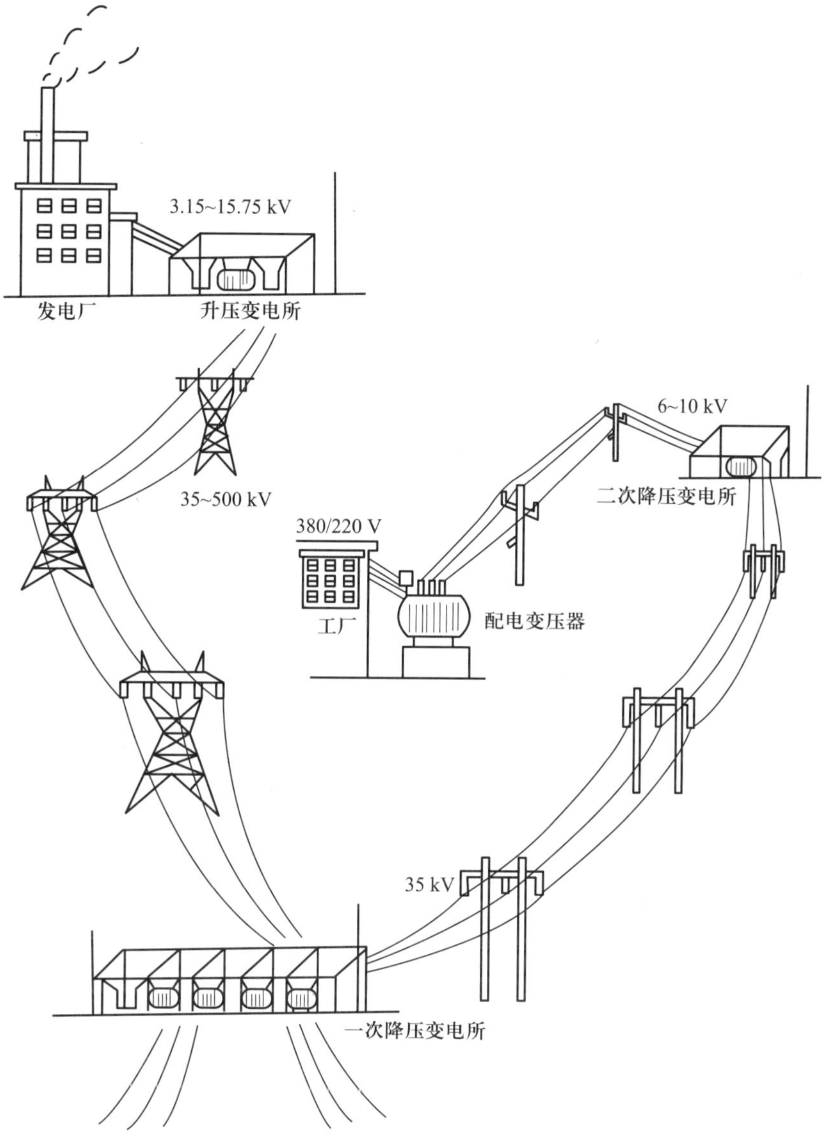

3.15~15.75 kV
发电厂
升压变电所
35~500 kV
6~10 kV
二次降压变电所
380/220 V
工厂
配电变压器
35 kV
一次降压变电所

图3 1 电能生产、传输与分配示意图

发电厂
水轮机
发电机
变电所
升压变压器
输电线路
变电所
降压变压器
用户
用电设备
水库
G
M
M
电力网
电力系统
动力系统

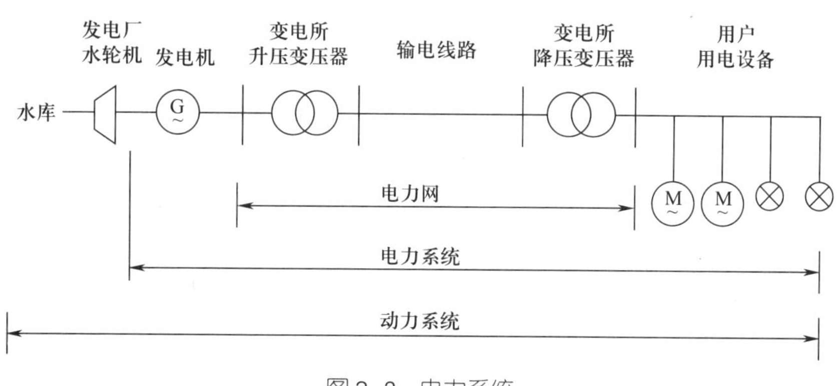

图3-2 电力系统

图。现代火力发电厂将煤块粉碎成煤粉，使煤粉在锅炉中充分燃烧，将锅炉中的水烧成高温高压的蒸气，推动汽轮机转动，从而驱动与其同轴的发电机旋转发电。

图 3–3　火力发电厂外景图

（2）水力发电厂。水力发电厂是利用水流的位能来生产电能。水力发电厂水库中的高水位蓄水通过引水隧道形成强大水流，将水的位能转化成机械能，冲击水轮机旋转，带动发电机发电。如图 3–4 所示为三峡水电站全景图，它是我国目前最大的水力发电厂，年平均发电量达 1 000 亿度。

图 3–4　三峡水电站全景图

（3）核能发电厂。核能发电厂又称核电站，主要利用原子核裂变所产生的原子能转换为热能，将水加热成蒸气，推动汽轮发电机发电。核能发电的生产过程与火力发电的基本原理相同，只是以核反应堆代替了锅炉，以少量的核燃料代替了大量的煤炭。

如图 3–5 所示为大亚湾核电站外景图，它是我国第一座大型商用核电站。

图 3-5　大亚湾核电站外景图

除以上三种主要能源利用方式外，其他一次能源也逐步得到开发或利用，如风力发电、潮汐发电、地热发电、太阳能发电等。

2. 变电所

变电所又称变电站，其作用是接受电能、变换电压和分配电能。如果只受电和配电，而不进行变电的则称为配电所。

发电厂生产的电能需要通过变电所的升压变压器将电压升高后再进行远距离输送，以减少线路上的电压降和功率损耗。输电电压的高低，视输电容量和输电距离而定，一般原则是：容量越大，距离越远，输电电压就越高。

电能输送到目的地后，需要通过变电所的降压变压器将电压降低，再分配给不同的用户。电力电源进入工厂的电压大多为 6 ~ 10 kV，当供电距离远或负荷容量大时，则采用 35 kV 以上的电压进电。常用的用电设备如动力、照明、计算机、空调等，额定电压为 220 V 或 380 V，少数高压电动机的额定电压为 6 kV。因此，电能进入工厂后，还要进行变电（变换电压）和配电（分配电能）。

变电所根据在电力系统中的地位和作用可分为以下几类。

（1）枢纽变电站。枢纽变电站位于电力系统的枢纽点，电压等级一般为 500 kV 及以上，联系多个发电电源，出线回路多，供应多个片区，变电容量大，是目前联网式大电网运行的枢纽。

（2）地区变电站。地区变电站是中、小城市的主要变电站，电压等级一般为 110 ~ 220 kV。

（3）企业变电所。企业变电所是大中型企业的专用变电所，电压等级一般为 35 ~ 110 kV，一般包括企业总降压变电所和车间变电所。

（4）终端变电所。终端变电所位于配电线路的终端接近负荷处，高压侧多为 10 kV，经降压后直接向用户供电。

3. 输电线路

通过发电厂变电所升压后的电能，通过输电线路输送到需要用电的地区，输电方式

有交流输电和直流输电两种。高压输电线路的特点是高电压、大功率和远距离。目前我国常用的远距离交流输电电压有 110 kV、220 kV、330 kV、500 kV、750 kV 多个等级。

4. 工厂配电系统

工厂配电系统是工厂所需的电力电源从进厂起到所有用电设备输入端止的整个线路，是电力系统中最大的电能用户。工厂配电系统的基本功能首先是受电，即将电能从配电网引入工厂；其次，根据工厂用电负荷要求进行电压转换；最后进行电能分配。工厂配电系统承担着厂区内高压（大多为 6 ~ 10 kV）和低压（220/380 V）电能传输及分配的任务，配电方式主要有放射式和树干式两种基本类型，见表 3–1。

表 3–1　工厂配电方式

配电方式	放射式	树干式
示意图	厂区变电所 配电盘 车间　车间　车间	厂区变电所 配电盘 车间　车间　车间
特点	每个用户由独立线路供电。供电可靠性高，运行中互不影响，便于装设自动装置，操作、控制灵活方便。但使用设备多，耗用金属材料多，占地多，投资高，不适应发展	多个用户由同一条干线供电。使用开关设备少，耗用导线、有色金属材料少，投资省，适于发展。但干线发生故障时影响范围大，供电可靠性较差，操作、控制不够灵活方便
适用范围	适用于离供电点较近、可靠性要求较高的用户（或车间）	适用于离供电点较远、容量小且不重要的负荷，如机械加工车间、机修车间等

如图 3–6 所示为一工厂的配电系统图。

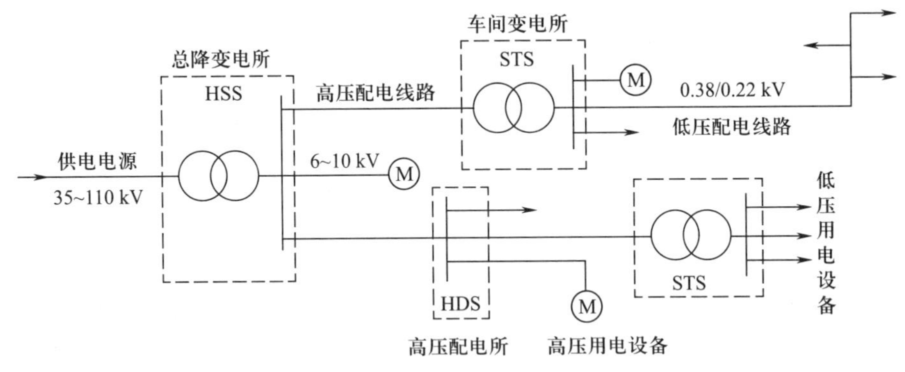

图 3–6　工厂配电系统图

二、变配电站（所）主要电气设备

1. 高压一次设备

供电系统中承担输送和分配电能任务的电路，称为高压一次回路，亦称主电路。高压一次设备即在高压一次回路中使用的设备，主要有高压熔断器、高压隔离开关、高压断路器、高压开关柜等。

2. 低压一次设备

低压一次设备主要指用于供电电压 1 000 V 或 1 200 V 以下一次侧的电气设备，主要有低压开关、低压熔断器、低压断路器以及配电屏等。

3. 电力变压器

电力变压器是变配电站的核心设备，能实现高低电压转换。电力变压器的种类很多，一般有三相油浸自冷式变压器、三相风冷式变压器及三相干式变压器等。

思考与练习

一、填空题

1. 电力系统是由_______、_______、_______、_______和_______五部分组成的一个统一整体。

2. 变电所又称_______，其作用是_______、_______和_______。

3. 高压输电线路的特点是_______、_______和_______。

4. 工厂配电系统的基本功能首先是_______，其次是根据工厂用电负荷要求进行_______，最后进行_______。

5. 低压一次设备主要指用于供电电压______V 或______V 以下一次侧的电气设备。

二、判断题

1. 一般来说，输送距离越长，需要的输电电压越高。（　　）

2. 变电站中起变换电压作用的设备是高压一次设备。（　　）

三、简答题

1. 电力系统由哪几部分组成？

2. 根据变电所在电力系统中所处的地位和作用，变电站可分为哪几类？

第2节 触电与触电急救

生产和生活都离不开电，但是如果不掌握安全用电的知识，不能认真执行各项安全技术规程，不正确使用电能，就可能会危及人身安全和设备安全，并可能造成大面积停电或引发火灾等事故。

一、人体触电及触电形式

所谓触电是指电流流过人体时对人体产生的生理及病理伤害，包括电击和电伤两种。电击是电流流过人体所造成的内伤，主要会造成心脏心室颤动，导致血液循环停止；电伤常常发生在人体的外部，在肌体表面留下伤痕，例如电灼伤、电烙印和皮肤金属化。

1. 影响人体触电危害程度的因素

人体触电时对人体伤害的严重程度，与通过人体电流的大小、电流通过的持续时间、电流通过的路径、电流的频率、人体的状况等因素有关。

通过人体的电流越大，通电时间越长，对人体的伤害程度越大。资料表明，25 ~ 300 Hz 的交流电对人体的伤害最大，人体触电后能自主摆脱电源的最大电流一般为 10 mA，当超过 50 mA（通电 1 s 以上）时，对人有致命危险。

从左手到胸部以及从左手到右脚是最危险的触电途径，人体电阻的大小对触电后果也会产生一定的影响。

2. 人体触电形式

人体触电的形式有很多，最常见的有以下两种形式。

（1）直接接触触电。直接接触触电又称直接接触电击，是人体直接接触或过分靠近带电导体而发生的触电，这时电流经过人体，会对触电者造成致命危险。如图 3–7 所示为单相电压触电（作用于人体的电压是 220 V）。另外，当人体过分靠近高压带电体时，发生弧光放电，会对人体造成电弧伤害。带负荷分断、闭合刀开关会产生弧光短路，对人体及设备都会造成伤害。

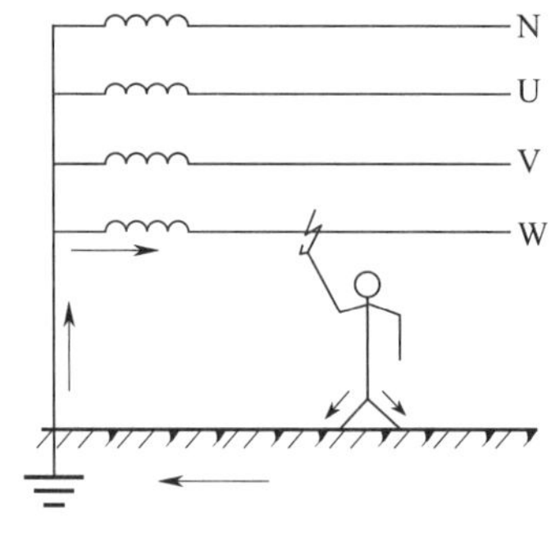

图 3–7 单相电压触电

（2）间接接触触电。间接接触触电又称间接接触电击，是人体触及漏电设备的金属外壳或结构而发生的触电。

电气设备在正常运行时，其金属外壳或结构是不带电的，但当电气设备绝缘损坏后，内部带电体会碰触设备金属外壳，俗称“碰壳”或“漏电”，其金属外壳就带有一定电压，此时人体触及就会发生触电事故。

3. 安全电压

安全电压是指人体在不戴任何防护设备的情况下，加在人体上一定时间内不致造成伤害的电压。国家标准规定了安全电压系列，称为安全电压等级或额定值，这些额定值指的是交流有效值，分别为 42 V、36 V、24 V、12 V、6 V 五种。

二、触电防护措施

1. 直接接触触电的防护措施

防止直接接触触电的技术措施主要有绝缘、屏护、设置安全距离等。

绝缘是指用绝缘材料把带电体封闭起来，实现带电体相互之间、带电体与其他物体之间的电气隔离，使电流按指定路径通过，确保电气设备和线路正常工作，防止人身触电。

屏护是采用屏护装置控制不安全因素，即采用遮栏、栅栏、护罩、护盖、箱体等把带电体同外界隔绝开来，如图 3-8 所示。

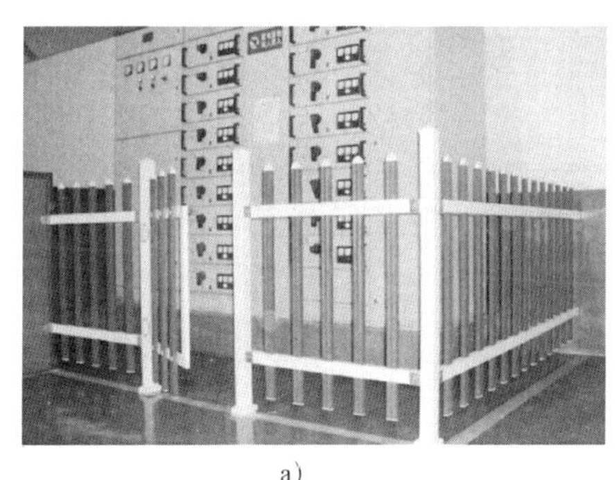

a）

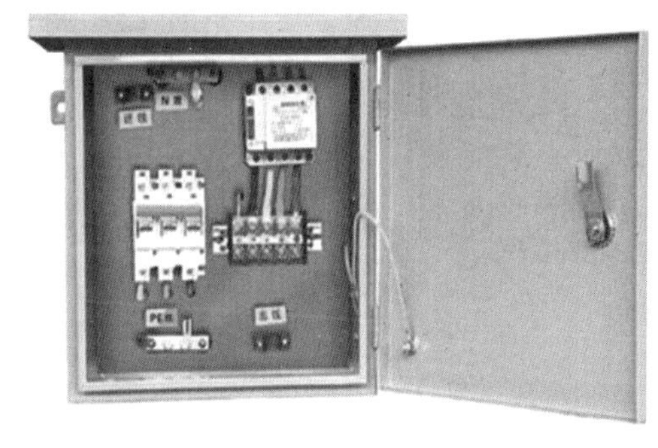

b）

图 3-8　常见屏护装置

a）配电站内隔离围栏　b）配电箱体

设置安全距离是为了防止人体触及或接近带电体造成触电事故，在带电体与地面之间、带电体与其他设施和设备之间、带电体与带电体之间均需保持一定的安全距离。

2. 间接接触触电的防护措施

防止间接接触触电的技术措施有保护接地、保护接零、安装漏电保护装置等。

（1）保护接地。将电气设备上正常工作时不带电的金属外壳与大地可靠地连接，称为保护接地。保护接地适用于 1 kV 以下中性点不接地的三相供电系统，如图 3-9 所示。

假如电气设备有一相漏电碰壳，漏电流会通过绝缘电阻构成回路，这一漏电流本来就很小，而接地电阻与人体电阻并联，将大部分漏电流引到旁路，从而保证了人身安全。

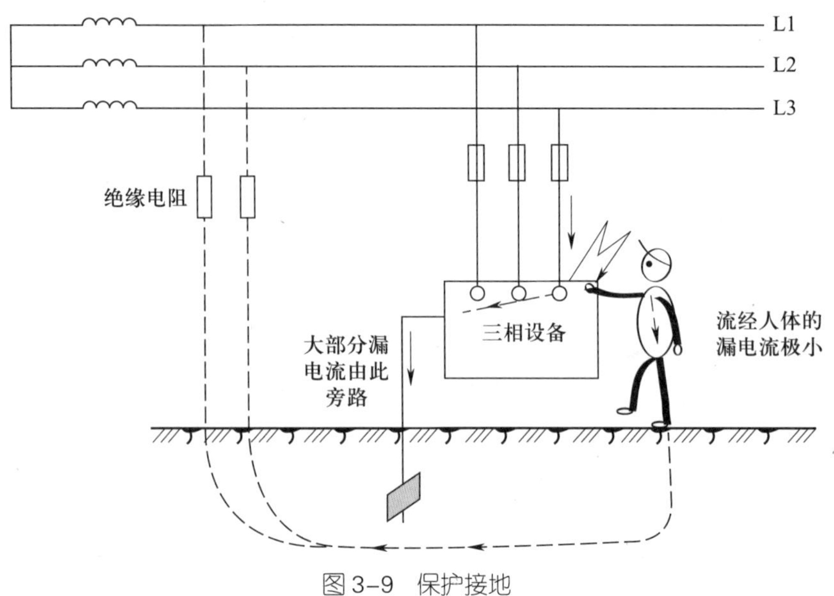

图 3–9　保护接地

（2）保护接零。将电气设备在正常情况下不带电的外露导电部分与供电系统中的零线相接，称为保护接零，如图 3–10 所示。保护接零适用于中性点接地的三相四线制和三相五线制供电系统，是目前低压配电系统中采取的主要保护措施。

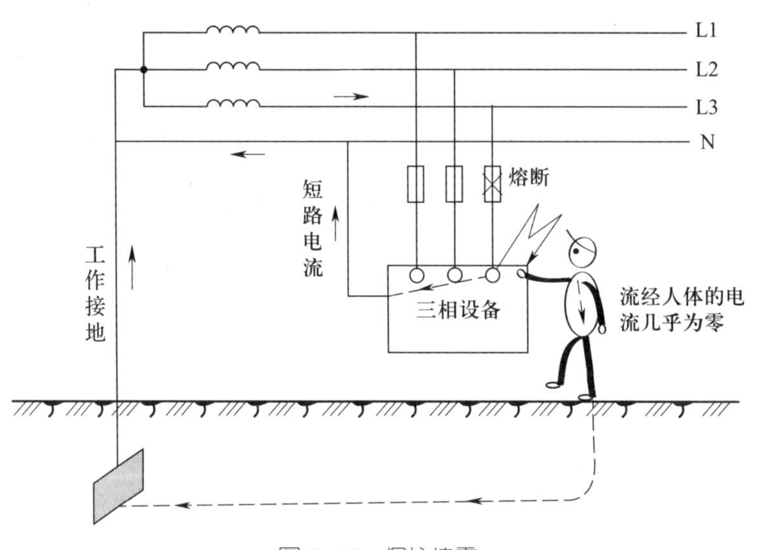

图 3–10　保护接零

采用保护接零后，当线路某一相直接连接设备金属外壳时，电流将从设备外壳经由零线流回中性点。由于零线电阻很小，所以这一短路电流很大，会促使线路保护装置迅速动作，断开电源，消除触电危险。

在配电网中，应当区别工作零线和保护零线。根据保护零线是否与工作零线分开而将接零保护划分为三种，见表 3–2。

表 3-2　接零保护的三种形式

图例	说明	应用场合
L1 L2 L3 PEN 接零保护 电气设备	保护零线和工作零线完全共用	无爆炸危险和安全条件较好的场所
L1 L2 L3 PEN N PE 线路进户点 接零保护 电气设备	在低压线路接入用户后，在原来的三相四线制配线的基础上，增加一条保护线接入每一个需要实施接零保护电器的接地线端子上	低压进线的用户以及民用楼房，应用最为广泛
L1 L2 L3 N PE 接零保护 电气设备	保护零线和工作零线完全分开	危险性较大或安全要求较高的场所，如建筑施工等临时用电场合

采用保护接零须注意以下几点。

1）保护接零只能用于中性点接地的三相四线制或三相五线制供电系统。

2）接零导线必须牢固可靠，防止断线、脱线。

3）保护零线上禁止安装熔断器和单独的断流开关。

4）保护零线每隔一定距离要重复接地一次。

5）接零保护系统中的所有电气设备的金属外壳都要接零，绝不可一部分接零，一部分接地。

（3）安装漏电保护装置。为了防止触电或降低人体触电时的伤害程度，人们采取了许多安全措施，例如接地和接零保护，然而，这些措施仍不能从根本上杜绝触电事故的发生。为此，人们又研究出新的、更加完善的防止人体触电的保护技术——漏电保护。

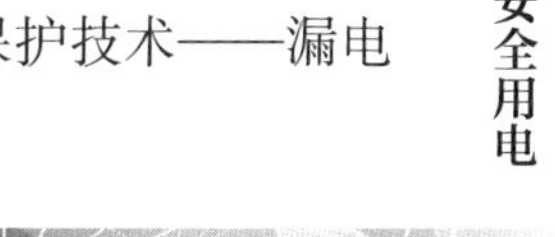

1）漏电保护装置的作用。漏电保护装置的作用一是在电气设备（或线路）发生漏电或接地故障时，能在人尚未触及之前就把电源切断；二是当人体触及带电体时，能在 0.1 s 内切断电源，从而减轻电流对人体的伤害程度。此外，漏电保护还可以防止漏电引起的火灾事故。

2）漏电保护装置的分类。目前应用广泛的是电流型漏电保护装置，按动作结构划分，可分为直接动作式和间接动作式；按保护装置具有的功能大体上可分为以下三类。

①漏电继电器。只具备检测、判断功能，不具备开闭主电路功能。

②漏电断路器。同时具备检测、判断、执行功能。它是漏电继电装置和开关的结合体，是实际工作中最常见的漏电保护装置。

③漏电保护插头、插座。将漏电断路器和插头、插座组合在一起，使插头、插座具备触电保护功能，适用于移动电器和家用电器。

常用的漏电保护装置如图 3–11 所示。

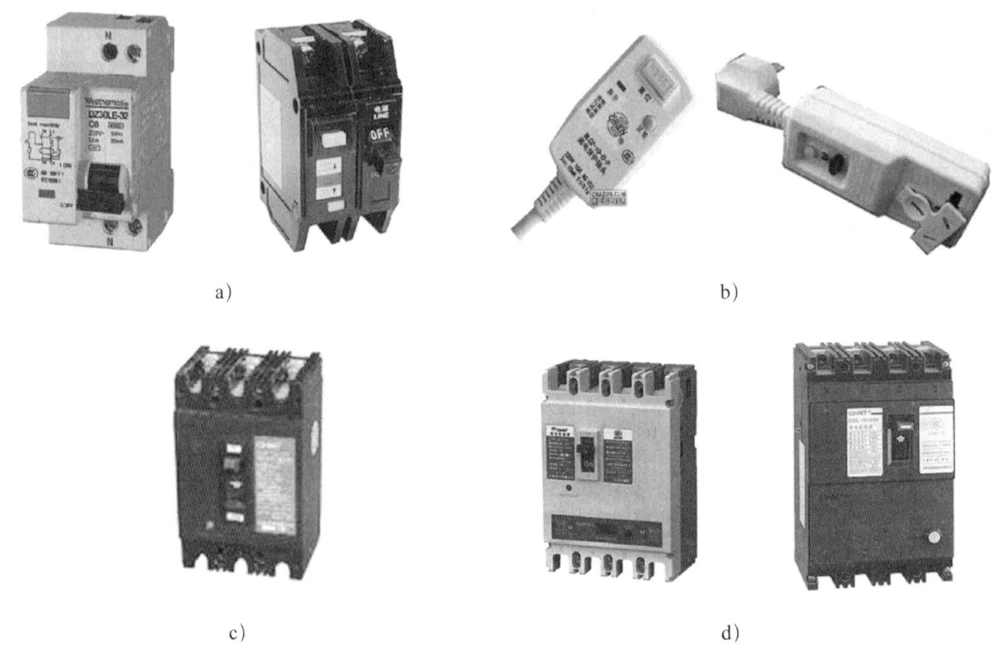

a）　　b）

c）　　d）

图 3–11　常用的漏电保护装置

a）两极漏电保护装置　b）漏电保护插头、插座　c）三极漏电保护装置　d）四极漏电保护装置

3）漏电保护装置的原理。漏电保护装置的基本原理是：当漏电电流达到或超过给定值时，能够自动切断电源或发出报警信号，达到保护人身安全的目的。

两极漏电保护装置的工作原理如图 3–12a 所示。在主电路上接有一个零序电流互感器，相线和中性线都从互感器环形铁芯窗口穿过。正常情况下，电流互感器二次侧无信号输出；当漏电电流达到设定值时，电流互感器二次侧就会输出信号，此信号经放大后驱动脱扣线圈，使脱扣开关动作，切断电源。

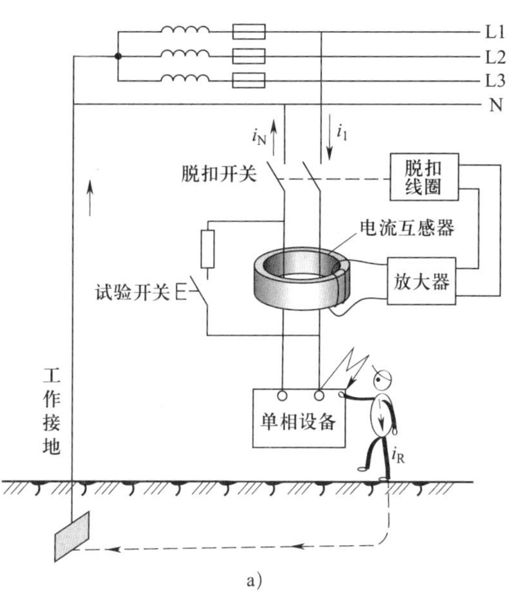

a)

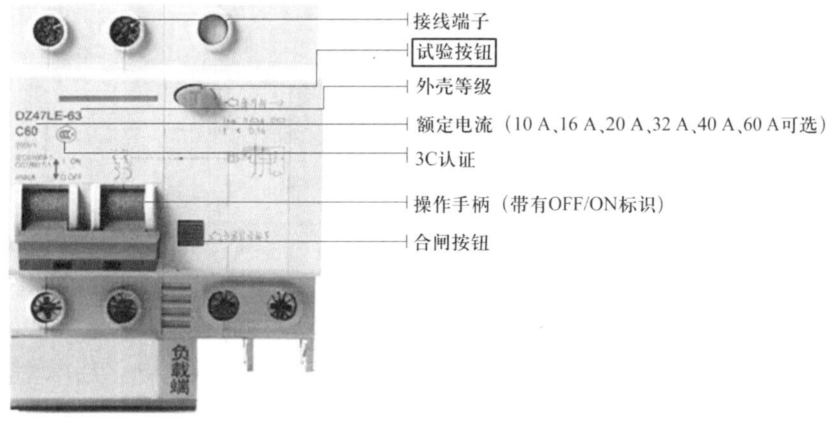

b)

图 3-12　两极漏电保护装置

a）工作原理图　b）外形图

漏电保护装置上设有试验按钮，如图 3-12b 所示，按下试验按钮可以产生一个模拟的漏电流，用以检验脱扣开关动作是否可靠。漏电保护装置的漏电动作电流应根据负载情况进行调整，通常可以整定到 30 ~ 50 mA，对于经常移动的设备和比较危险的场所，可以整定到 10 ~ 30 mA。

4）漏电保护装置的接线。不同类型的漏电保护装置接线方式不同，使用时应认真阅读产品说明书，严格按要求接线，才能起到漏电保护的作用。如图 3-13 所示为漏电保护装置在三相五线制供电系统中的接线示例。

漏电保护装置安装完毕，应操作试验按钮，带负载分合闸三次，确认动作正常后，才能投入使用；对使用中的漏电保护装置，应定期用试验按钮检验其可靠性；如果运行中的漏电保护装置动作，应认真检查其动作原因，排除故障后再闭合送电。

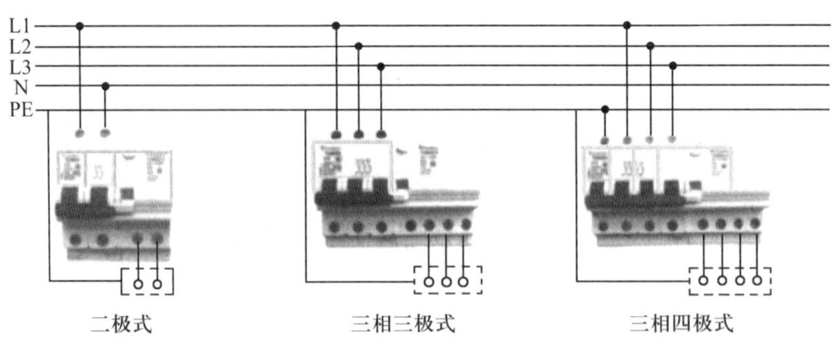

图 3–13 漏电保护装置在三相五线制供电系统中的接线示例

三、触电急救

1. 触电急救的要点

触电急救的要点是迅速现场抢救和救护得法，即在最短的时间内使触电者脱离电源，在现场采用口对口人工呼吸或胸外心脏按压法紧急实施救护，并根据伤情需要迅速联系医疗救护等部门救治。

在抢救过程中，要每隔数分钟判定一次触电者的呼吸和脉搏情况，每次判定时间不得超过 5 ~ 7 s。触电急救必须分秒必争，并坚持不断地进行，在医务人员未接替抢救前，现场人员不得放弃现场抢救。

急救成功的关键是动作快、操作正确，任何拖延和操作错误都可能会导致触电者伤情加重或死亡。

2. 使触电者脱离电源的方法

使触电者迅速脱离电源是触电急救的第一步，应越快越好，因为电流作用在人体上的时间越长，对人体的伤害越大。低电压触电时脱离电源的几种方法见表 3–3。

3. 观察重要生命体征

脱离电源后，对触电者进行生命体征观察，可以判断其伤害程度，决定采取何种急救措施。

（1）脉搏。正常人在安静状态下脉搏为 60 ~ 100 次 /min，可用中指及无名指测颈动脉搏动，判断是否有心跳，对心跳停止的触电者应采用胸外心脏按压。

（2）呼吸。当呼吸存在时，人胸、腹部会有起伏；在呼吸微弱时，用耳及面部侧贴于口及鼻孔前可感知有无气体呼出。当触电者呼吸已停止或微弱时，就需要进行人工呼吸。

（3）瞳孔。观察触电者的瞳孔是否等大、等圆，大小可随外界光线的强弱而变化。瞳孔放大是临床死亡的重要指征之一。

4. 触电急救技术

（1）口对口人工呼吸法。对有心跳而呼吸停止的触电者，应采用“口对口人工呼吸法”进行急救，具体操作步骤见表 3–4。

表 3-3　低电压触电时脱离电源的几种方法

处理方法	实施方法	图示	注意事项
拉	附近有电源开关或插座，应立即拉下电源开关或拔掉电源插头	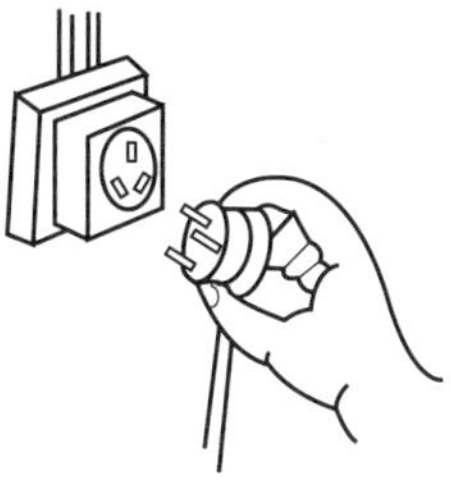 拔掉电源插头 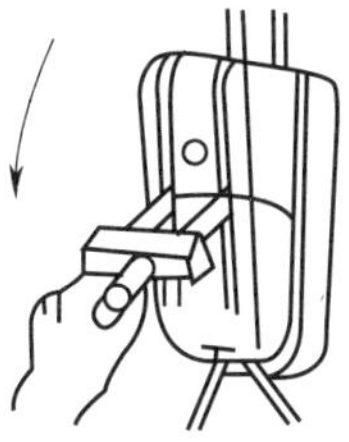　拉下电源开关	应确定拔掉的插头或拉下的电源开关是触电事故电源
切	若一时找不到断开电源的开关，可用绝缘良好的钢丝钳或断线钳剪断电线，以断开电源	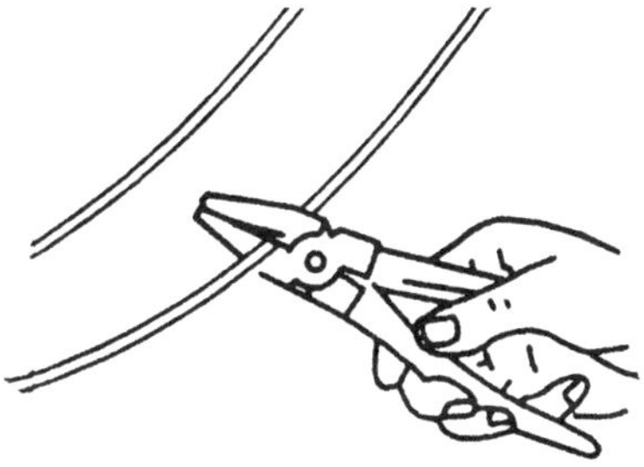 剪断连接的电线	电线应逐根剪断，防止同时剪断造成电线短路
拽	抢救者可戴上手套或在手上包缠干燥的衣服等绝缘物品拖拽触电者；也可站在干燥的物体上，用一只手将触电者拽开	 采取绝缘保护下单手拽开触电者	绝缘物体可采用木板、橡胶垫等，不能用两只手去拖拽触电者
挑	对于导线绝缘损坏造成的触电，可用绝缘工具或干燥的木棒等将电线挑开	 用干燥木棒挑开电线	挑开的破损电线要远离触电现场

表 3-4　口对口人工呼吸法的操作步骤

操作步骤	方法	图示
开放气道	开放气道主要采用仰头抬颏（颌）法，即一手置于前额使头部后仰，另一手的食指与中指抬起下颏（颌）	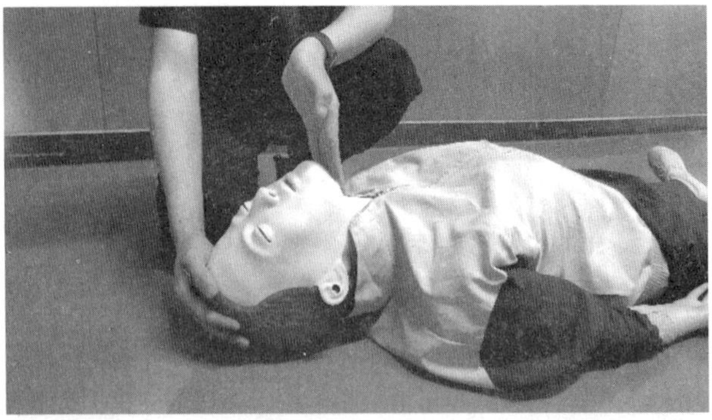
呼吸支持	开放气道后，通过看胸廓起伏，听有无呼吸，对呼吸情况进行判断，若无自主呼吸，应立即进行人工呼吸	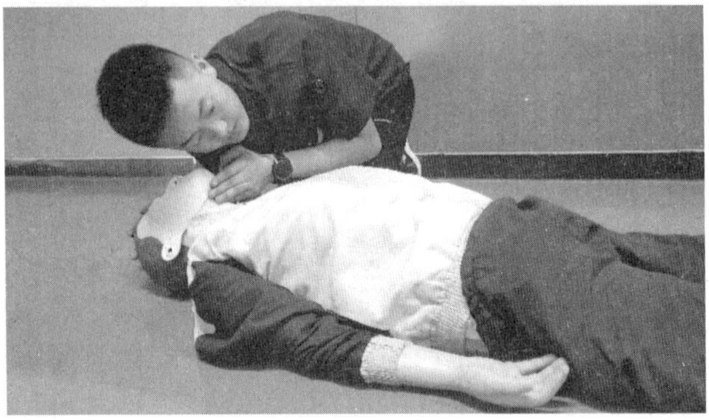
	用一手的拇指与食指，捏住伤者鼻孔（或鼻翼）下端，深吸一口气屏住并用自己的嘴唇包住触电者口部后用力吹气	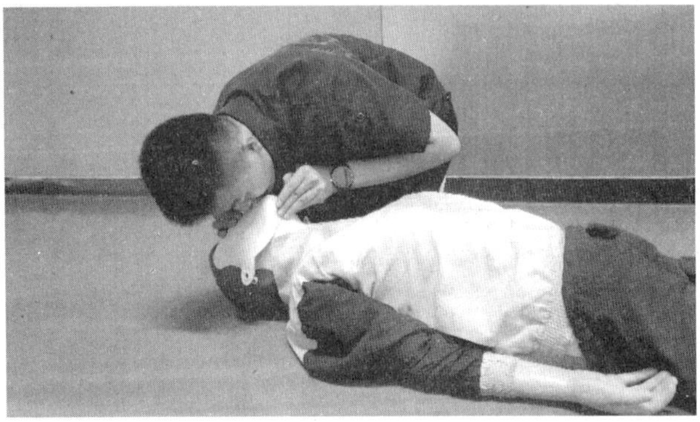
	吹气毕即刻与触电者的口唇脱离，放开捏鼻孔的手，使触电者胸部自行恢复	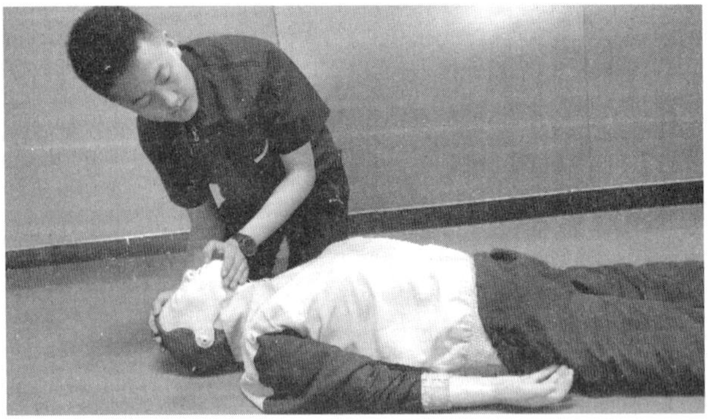

续表

操作步骤	方法	图示
呼吸支持	重新吸入一口气，进行下一次人工呼吸。每5～6s吹气一次（对触电儿童每3～5s吹气一次），坚持连续进行，不间断，直至触电者苏醒	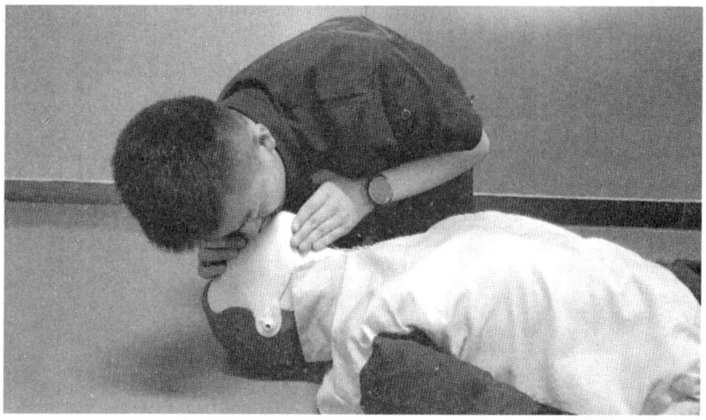

（2）胸外心脏按压法。对有呼吸而心跳停止的触电者，应采用“胸外心脏按压法”进行急救，具体操作步骤见表3-5。

表3-5 胸外心脏按压法的操作步骤

操作步骤	方法	图示
确定按压位置	按压位置在触电者胸骨下1/3交界处或双乳头连线中点，将掌根重叠放于另一手手背上，使手指翘起脱离胸壁	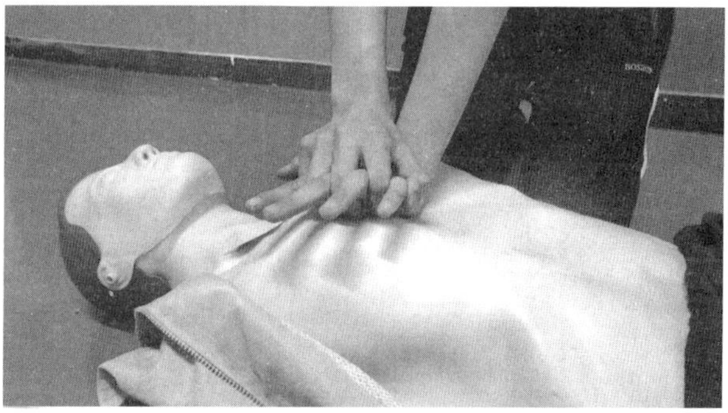
实施按压	抢救者双肘关节伸直，双肩在患者胸骨上方正中，肩手保持垂直用力向下按压，下压深度为5～6 cm，按压频率为100～120次/min，按压与放松时间大致相等	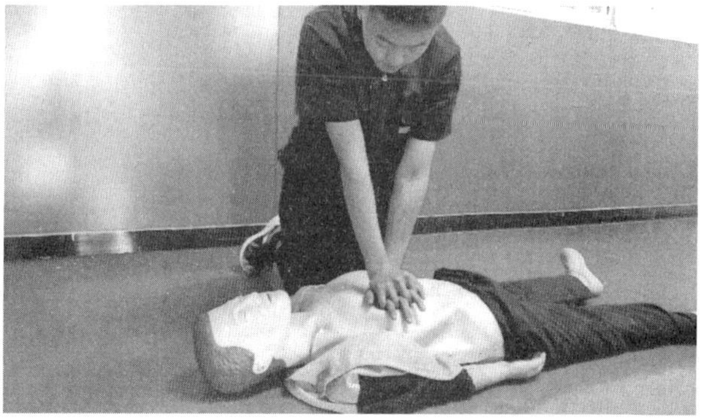

（3）心肺复苏法。心搏骤停一旦发生，如得不到及时地抢救复苏，4～6 min后会造成触电者脑和其他人体重要器官组织不可逆的损害。因此心肺复苏必须在现场立即进行，为进一步抢救直至挽回心搏骤停者的生命而赢得最宝贵的时间。

心肺复苏法（CPR）通常指联合运用人工呼吸和人工胸外按压两种方法，是一种挽救心跳、呼吸骤停病人的急救方法。现场心肺复苏主要有三个操作步骤，称为心肺复苏C-A-B步骤，即**心脏按压**（circulation）、**开放气道**（airway）、**人工呼吸**（breathing）。

对于单人或多人施救，成人心肺复苏法均采用30∶2的比例进行，即首先心脏按压30次，开放气道后，再人工呼吸2次，如此反复进行。

思考与练习

一、填空题

1. 防止直接接触触电的技术措施主要有________、________、________等。

2. 防止间接接触触电的技术措施主要有________、________、________等。

3. 触电者脱离电源后，可从________、________、________三个方面对触电者进行生命体征的观察。

4. 对“呼吸和心跳都已停止”的触电者，应同时采用________、________两种方法即________法进行急救。

5. 现场心肺复苏主要有三个操作步骤，我们称为心肺复苏C-A-B步骤，即：________、________、________。

二、判断题

1. 从左手到胸部以及从左手到右脚是最危险的触电途径。（　　）

2. 直接接触触电是人触及漏电设备的金属外壳或结构而发生的触电。（　　）

3. 城镇公用低压电力系统应采取接地保护措施。（　　）

4. 人体触电后能自主摆脱电源的最大电流一般为10 mA。（　　）

5. 触电急救的第一步是使触电者迅速脱离电源。（　　）

6. 对有呼吸、无心跳的触电者应立即采用心肺复苏法进行急救。（　　）

三、简答题

1. 影响人体触电危害程度的因素有哪些？

2. 漏电保护器的作用有哪些？

3. 触电急救的要点是什么？

第3节　安全用电与电气消防

一、安全用电常识

1. 不要私自乱接电线，盲目安装、修理电器线路或用电器具，以防造成电气事故隐患。

2. 不要用金属丝（如铁丝、铝丝）绑扎电线，一旦绑扎处绝缘损坏，金属丝就会带电。

3. 不要在一个插座上引接过多或功率过大的用电器具和设备。插座有其允许的负荷量，接入过多或功率过大的用电器，会烧坏线路和插座，引发线路故障甚至火灾。

4. 不要用潮湿的手去接触开关、插座及具有金属外壳的电气设备，更不要用湿布去揩抹带电的电器。

5. 不要在电加热设备上覆盖和烘烤衣物，避免引燃衣物导致火灾。

6. 不要在电气设备上放置衣物，严禁将雨具等物悬挂在电气设备上方，以防雨水浸入电气设备内部。

7. 在搬迁电焊机、鼓风机、电钻等可移动电器时，不要拖拉电源线，要切断电源。

8. 电气设备的金属外壳接地，可防止设备绝缘损坏而使外壳带电后引发触电事故。

9. 设备运行过程中，不要开启电气箱；设备使用完毕，要及时断开设备电源。

10. 电气设备运行中，若听到电动机不均匀的“嗡嗡”声或异常气味，说明电动机出现故障，切不可“带病”运行，要立即停止工作，断开电源，让电工进行检查维修。

11. 经常接触和使用的配电箱、配电板、刀开关、按钮开关、插座、插头等，要保持完好、安全。发现有破损或裸露的带电部分，不要接触，要及时通知电工修理。

12. 认识设备电源总开关及其位置，学会在紧急情况下切断总电源，保证设备及人身安全。

13. 电气设备或线路在检修的过程中，要拉下电源开关，并悬挂“禁止合闸，有人工作”的标志牌，关闭电气箱并上锁。

14. 不要过于靠近带电物体或线路，要保持一定的安全距离。

15. 在潮湿的环境使用可移动电器时，必须采用 36 V 及以下的低压电器。

16. 在雷雨天气，不可走近高压电杆、铁塔和避雷针的接地导线周围，以防雷电伤人。

二、常见电力安全标志

在工矿企业、建筑工地等一些存在不安全因素的用电场合中，经常可以见到一些由图形、颜色、边框或文字等构成的标志，提醒人们注意周围环境，避免发生危险，这些就是电力安全标志。常见的电力安全标志见表 3-6。

表 3-6 常见的电力安全标志

类型	图示实例	含义	式样
禁止标志	禁止合闸　禁止靠近	用来表示不准或者限制人们的某些行为	带斜杠的圆环，斜杠与圆环相连用红色，图形符号用黑色，背景用白色
警告标志	当心触电　当心电缆	提醒人们注意周围环境，避免可能发生的危险	正三角形，边框、图形用黑色，背景用黄色
指令标志	必须佩戴防护眼镜　必须戴防护手套	强制人们必须做出某种动作，或采用某种防范措施	圆形边框，图形用白色，背景用蓝色

明确统一的标志是保证安全用电的一项重要措施，除了以上图形标志外，还用颜色标志来区分不同功能的按钮以及不同性质和用途的导线，称为安全色。一般安全色有以下几种。

（1）红色。用来标志禁止、停止和消防，如信号灯、信号旗、机器上的紧急停止按钮等都用红色来表示“禁止”的信息。

（2）绿色。用来标志安全无事，如“在此工作”“已接地”等，如机器上的启动按钮。

（3）黄色。用来标志注意危险，如“当心触电”“注意安全”等。

（4）蓝色。用来标志强制执行，如“必须戴安全帽”等。

（5）黑色。用来标志图像、文字符号和警告标志的几何图形。

三、电气消防

电气火灾一般指由于电气线路、用电设备、器具以及供配电设备出现故障性释放的热能，比如高温、电弧、电火花，以及非故障性释放的能量，在具备燃烧条件下引燃本体或其他可燃物而造成的火灾，也包括由雷电和静电引起的火灾。

1. 电气火灾的原因及预防

（1）电气防火。为了抑制电气火源的产生和电气火灾的形成而采取的各种技术措施和安全管理，称为电气防火。电气防火研究电气火灾形成机理和电气线路与设备等在生产生活应用过程中的火灾危险性及预防措施，是一门防止电气火灾事故发生的科学。

（2）电气火灾的特点。电气火灾有明显的季节性、时间性特点。电气火灾多发生在夏、冬季，往往发生在节日、假日或夜间。自然灾害和电气设备的维修、管理不到位也是电气设备火灾发生的主要原因。

（3）发生电气火灾的原因

1）漏电。漏电是指线路绝缘能力下降，导致导线之间、导线与大地之间有一部分电流通过的现象。当漏电发生后，泄漏的电流会在局部产生高温，致使附近的可燃物着火，从而引起火灾。此外，在漏电点产生的漏电火花，同样也会引起火灾。

2）短路。所谓短路，就是电气线路绝缘体老化破损，导致火线与零线，或火线与地线在某一点碰在一起，引起电流突然大量增加的现象。短路会造成电流急剧增大，在短路点易产生强烈的火花和电弧，不仅能使绝缘层迅速燃烧，还能使金属熔化，引起附近的易燃可燃物燃烧，造成火灾。

3）过负荷。过负荷是指线路中通过的电流量超过其安全载流量后，导线温度不断升高的现象。线路过负荷后，会加快导线绝缘层老化变质，严重过负荷时，导线的温度会不断升高，甚至会引起导线的绝缘层燃烧，并能引燃导线附近的可燃物，从而引发火灾。

4）接触电阻过大。若导线与导线，导线与开关、电气设备等连接部位的接触电阻过大，当电流通过接头时，就会在此处产生大量的热，形成高温，使金属变色甚至熔化，引起导线的绝缘层燃烧，并引燃附近的可燃物或导线上积落的粉尘、纤维等，从而引起火灾。

（4）电气火灾的预防措施

1）电气线路设计和设备的选型要科学、合理。

2）电气线路施工和设备安装要规范，符合规定要求。

3）要定期开展电气安全检查，及时更换老化的线路，对有故障的设备进行维护、修理。

4）选择安全、合格的电器产品；不私自乱拉乱接；家庭不宜使用大功率的灯具照明，日常用具要与可燃物保持一定距离；电气设备不用时，应断开电源。

2. 常见的灭火设施和器材

灭火方法的原理是将灭火剂直接喷射到燃烧的物体上，或者将灭火剂喷洒在火源附近的物质上，使其不因火焰热辐射作用而形成新的火点。一般可采取冷却灭火法、隔离灭火法、窒息灭火法等进行灭火。

（1）灭火器。灭火器的种类很多，按其移动方式可分为手提式和推车式；按驱动灭火剂的动力来源可分为储气瓶式、储压式、化学反应式；按所充装的灭火剂可分为泡沫灭火器、干粉灭火器、卤代烷灭火器、二氧化碳灭火器等。常见灭火器如图 3-14 所示。

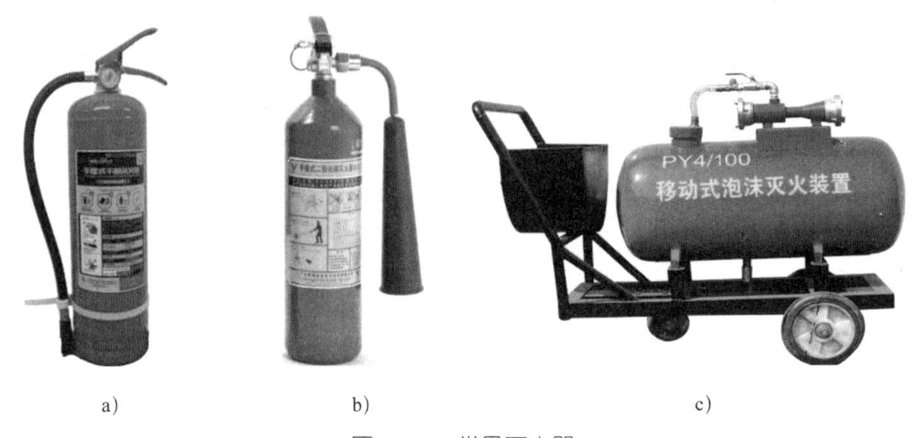

a） b） c）

图 3-14 常见灭火器

a）手提式干粉灭火器 b）手提式二氧化碳灭火器 c）移动式泡沫灭火器

其中，干粉灭火器主要用于扑救石油、有机溶剂等易燃液体、可燃气体和电气设备的初期火灾；二氧化碳灭火器主要用于扑救贵重设备、档案资料、仪器仪表、600 V 以下电气设备及油类的初起火灾；泡沫灭火器主要扑救固体物质类火灾，不能扑救带电燃烧的设备。

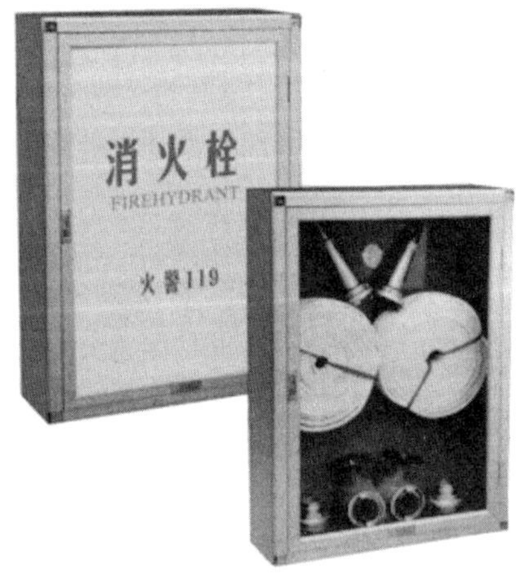

图 3-15 室内消火栓系统

（2）室内消火栓系统。室内消火栓系统包括室内消火栓、水带、水枪等，如图 3-15 所示。主要作用是控制可燃物、隔绝助燃物、消除着火源等。

由于火灾类型及其可燃性物质的性质不同，应正确选择不同的灭火方式进行灭火，如果选择不当，不仅可能灭不了火，还可能引起灭火剂对燃烧的逆化学反应，甚至还会发生爆炸等人身伤害事故。

3. 电气火灾扑救的基本措施

发现火灾时，应沉着冷静，准确、迅速地拨打 119 进行报警，其基本要求有：一是正确拨打 119 火警电话，切勿惊慌；二是要讲清楚起火时间、地点；三是说明火势情况，讲清什么物质起火及数量；四是报警后，本人或派人立即到单位门口、街道口或交通路口迎候消防车，带领消防队迅速赶到火场。

同时根据实际情况，在保证人身安全的前提下，及时组织扑救。电气火灾的扑救方法主要分为断电灭火和带电灭火两类。

（1）断电灭火。电力线路或电气设备发生火灾，如果没有及时切断电源，扑救人员身体或所持器械可能触及带电部分而造成触电事故。因此发生火灾后，应沉着果断，尽快设法切断电源，此时应注意切断电源的位置要选择适当，防止切断电源后影响扑救工作，可断开断路器或其他可以带负荷拉闸的负荷开关，然后组织灭火扑救。如使用干粉灭火器，应注意以下使用方法。

1）手提干粉灭火器把手，在距离起火点 3 ~ 5 m 处，将灭火器放下，在室外使用时注意占据上风方向。

2）使用前先将灭火器上下颠倒几次，使筒内干粉松动。

3）拔下保险销，一只手握住喷嘴，使其对准火焰根部，另一只手用力按下压把，干粉便会从喷嘴喷射出来。

4）左右喷射，不能上下喷射，灭火过程中应保持灭火器处于直立状态，不能横卧或颠倒使用。

（2）带电灭火。有时为了争取时间，防止火灾扩大蔓延，可能来不及切断电源，或因生产需要及其他原因无法断电，则需要带电灭火。带电灭火应注意以下几点。

1）使用适当的灭火器和不导电的灭火剂，如二氧化碳和干粉灭火器等。不允许使用泡沫灭火器带电灭火，因为泡沫灭火器的灭火剂具有一定的导电性，对电气设备的绝缘强度有影响。在使用小型二氧化碳、干粉等灭火器灭火时，由于其射程较近，故人体、灭火器的机体及喷嘴与带电体应保持一定的安全距离。

2）如遇带电导线断落在地面时，应划出警戒线，防止误入。扑救人员需要进入灭火时，必须穿好绝缘靴。

3）在带电灭火过程中，以及在火灾扑灭后设备仍然带电时，任何人不得接近带电设备。

思考与练习

一、填空题

1. 在一个插座上接入过多或功率过大的用电器，会烧坏________和________，引发________及________。

2. 在________环境使用可移动电器时，必须采用 36 V 及以下的低压电器。

3. 在检修电气设备或线路时，要拉下________，并悬挂“________”的标志牌，关闭________并________。

4. 电气防火是研究________形成机理和________等在生产生活应用过程中的火灾危险性及预防措施。

5. 电气火灾有明显的________、________特点。

6. 常用的灭火方法有________、________和________方法。

7. 扑救电气火灾一般采用________灭火器、________灭火器。

二、判断题

1. 带电灭火可以使用泡沫灭火器。（　）

2. 干粉灭火器和二氧化碳灭火器是同一种灭火器。（　）

三、简答题

1. 带电灭火应注意哪些问题?

2. 试述干粉灭火器的使用步骤。

3. 电气火灾的预防措施主要有哪些?

第 4 节　照明电路

电光源是人类目前在生产和生活中最常用的照明光源，照明电路给照明灯具提供电能，照明灯具将电能转换为光能，提供照明或美化、装饰环境。本节简单介绍常用的照明灯具和线路。

一、常用照明灯具

常用照明灯具按其发光原理可分为热辐射光源和气体放电光源两类，热辐射光源是利用灯丝受热温度升高时辐射发光的原理而制造的光源，如白炽灯、碘钨灯等；气体放电光源是利用灯泡（灯管）内气体放电时发光的原理而制造的光源，如日光灯、高压汞灯、高压钠灯、金属卤化物灯等。

1. 白炽灯

白炽灯利用电流通过灯丝电阻的热效应将电能转化为光能和热能，如图 3–16a 所示。白炽灯结构简单，使用可靠，价格低廉，但发光效率低，使用寿命短，目前已基本淘汰。由于其使用历史较长，目前广泛使用的部分节能灯、LED 灯的灯座与之通用，线路也基本相同。

灯座又叫灯头，其作用是固定灯泡并供给电源。常用的螺口灯座如图 3–16b 所示。

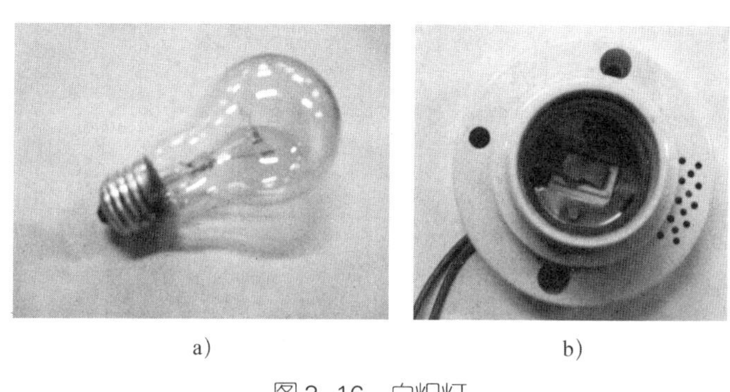

a)　　b)

图 3–16　白炽灯

a）螺口白炽灯　b）螺口灯座

2. 日光灯

（1）日光灯的结构。日光灯也称为荧光灯，主要由灯管、镇流器、启辉器和灯架等部分组成，如图 3–17 所示。

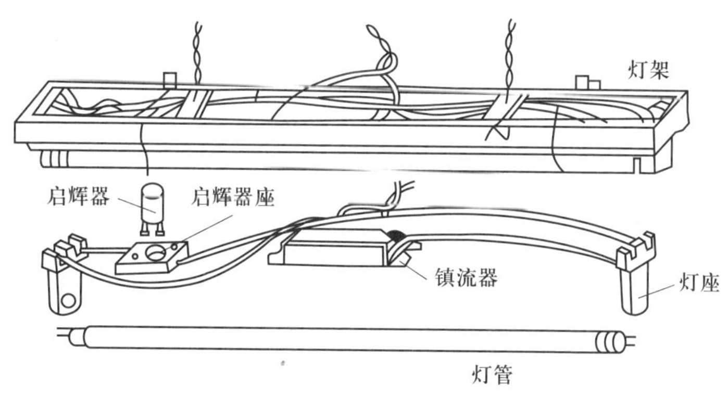

图 3–17　日光灯的组成

1）灯管。灯管由一根直径为 15 ~ 40.5 mm 的玻璃管、灯丝和灯丝引出脚等组成。玻璃管内抽成真空后充入少量的汞（水银）和氩等惰性气体，管壁内涂有荧光粉；灯丝由钨丝制成，用以发射电子，灯管的结构如图 3–18 所示。常用灯管的功率有 6 W、8 W、12 W、15 W、20 W、30 W、40 W 等。

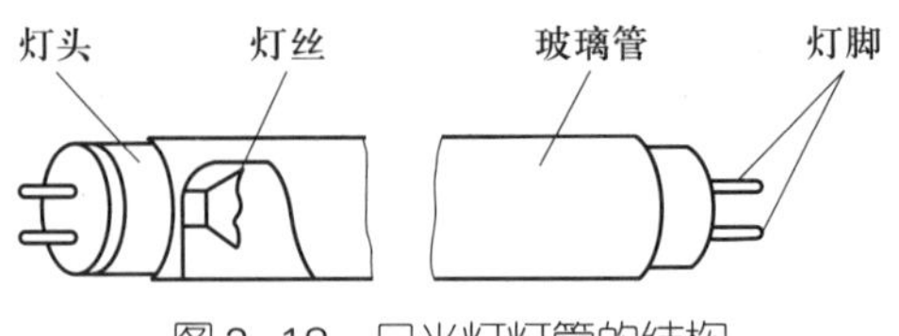

图 3–18　日光灯灯管的结构

2）镇流器。镇流器是具有铁芯的电感线圈，它有两个作用：一是在启动时与启辉器配合，产生瞬时高压点燃日光灯管；二是在工作时利用串联在电路中的电感来限制灯管电流，从而延长灯管的使用寿命。镇流器的选用必须与灯管功率配套，否则会烧坏日光灯，常用的有 6 W、8 W、15 W、30 W、40 W 等规格（电压均为 220 V）。镇流器的结构如图 3–19 所示。

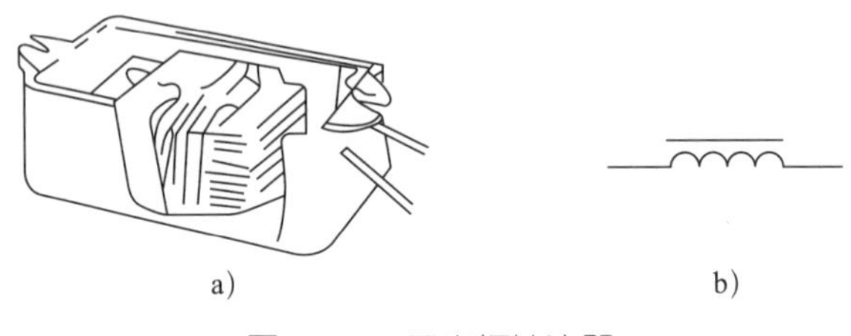

图 3–19　日光灯镇流器

a）外形图　b）在线路中的符号

3）启辉器。启辉器由氖泡、纸介电容和铝外壳组成，在接通电源时，与镇流器配合，产生高电压点亮灯管。构造如图 3–20a 所示。氖泡内有一个固定的静止触片和一个双金属片制成的倒 U 形触片，双金属片由两种膨胀系数差别很大的金属薄片焊制而成，分别为动触片和静触片，动触片与静触片平时分开，两者相距 0.5 mm 左右。启辉器的规格有 4 ~ 8 W、15 ~ 20 W、30 ~ 40 W 以及通用型 4 ~ 40 W 等。

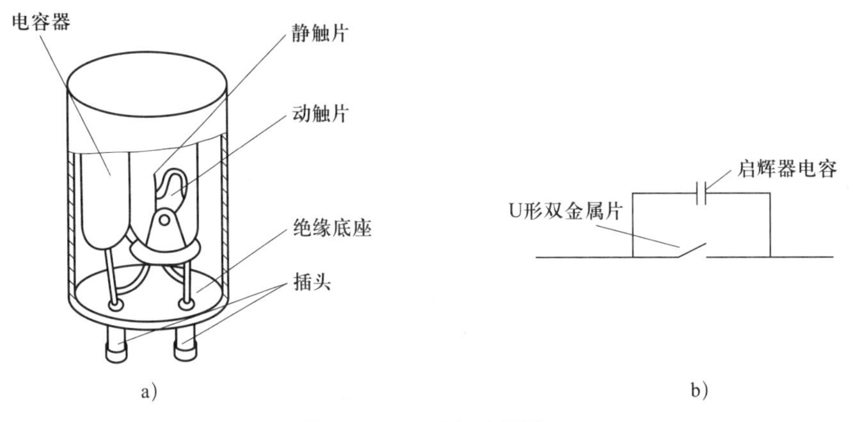

图 3–20　日光灯启辉器

a）启辉器的主要结构　b）线路中的符号

4）灯架和灯座。灯架用来固定灯座、灯管、启辉器等日光灯零部件，其规格与灯管尺寸相配合，根据灯管的数量和光照方向而选用。灯座用于固定灯管。

（2）日光灯工作原理。日光灯照明电路的电路图如图 3–21 所示。

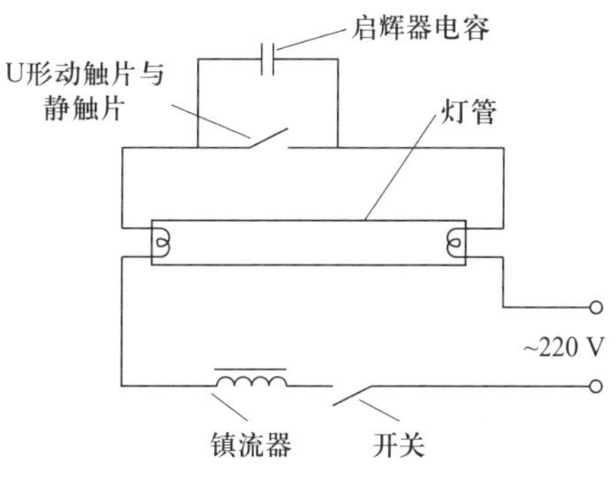

图 3–21　日光灯照明电路的电路图

当日光灯接通电源后，电源电压经过镇流器、灯丝，加到启辉器的动、静触片之间，引起辉光放电。放电时产生的热量使 U 形动触片与静触片接触，接通电路，灯丝预热并发射电子。与此同时，U 形动触片与静触片相接触后，两片间电压为零而停止辉光放电，U 形动触片冷却收缩，与静触片分开。在动、静触片断开瞬间，镇流器两端会产生很高的感应电动势，加在灯管两端，使灯管内惰性气体被电离而引起弧光放电。弧光放电使灯管内温度升高，液态汞汽化游离，引起汞蒸气弧光放电而产生不可见的紫外线，紫外线激发灯管内壁的荧光粉后，发出近似日光的灯光。

3. 节能灯

节能灯是一种将日光灯与镇流器组合成一个整体的照明设备。节能灯根据不同的灯管外形，主要分为 U 形管、螺旋管、直管等多种形式，如图 3–22 所示。有些节能灯的接口和白炽灯的接口相同，可以直接安装在白炽灯的灯座上。

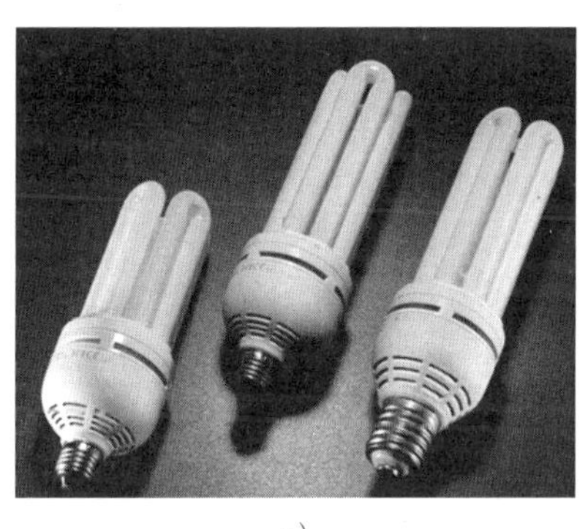

a）

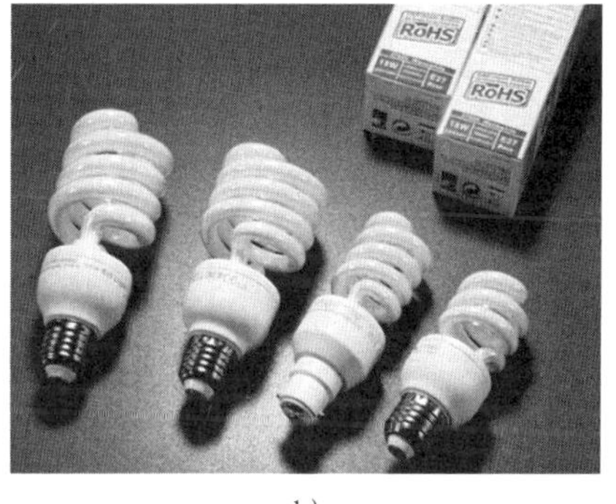

b）

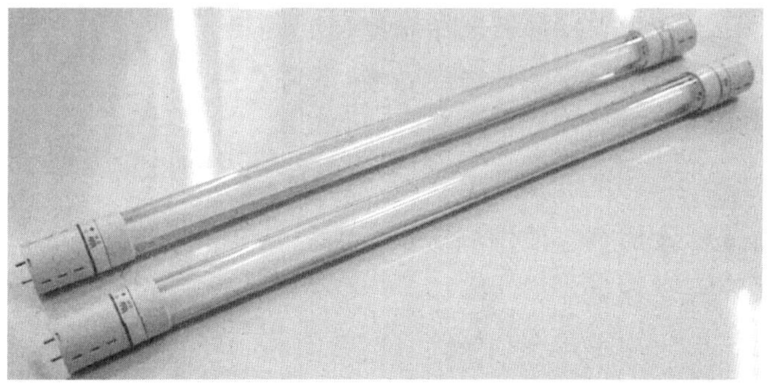

c）

图 3–22　常见的节能灯

a）U 形管　b）螺旋管　c）直管

节能灯其实就是一种紧凑型、自带镇流器的日光灯，其工作原理是：接通电源时，首先经过电子镇流器给灯管灯丝加热，灯丝发射电子，电子碰撞充装在灯管内的氩原子，氩原子碰撞后取得能量又撞击内部的汞原子，汞原子在吸收能量后跃迁产生电离，灯管内构成等离子态，灯管两端电压直接通过等离子态导通并发出紫外线，激发荧光粉发光。

由于节能灯工作时灯丝的温度比白炽灯工作的温度低很多，所以使用寿命比较长，可达 5 000 h 以上。另外，由于它运用效率较高的电子镇流器，不存在白炽灯的电流热效应，可以有效节约电能。

节能灯的优点是结构紧凑、体积小；发光效率高，节省电能；使用寿命较长，是白炽灯的 6 ~ 10 倍。节能灯的不足之处就是启动较慢。

4. LED 灯

LED 是发光二极管（light emitting diode）的缩写。LED 灯是一种能够将电能转化为可见光的固态半导体器件，它可以直接把电能转化为光能，是目前应用最广泛的一种电光源，如图 3-23 所示为 LED 的几种常见应用。

a)

b)

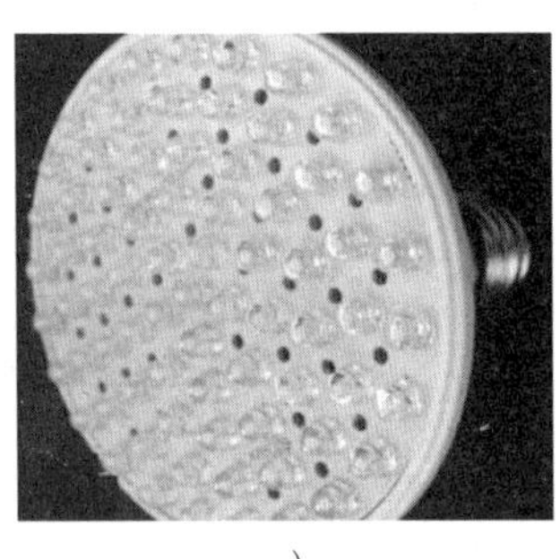
c)

图 3-23　常见的 LED 灯

a）LED 线灯　b）LED 显示屏　c）LED 节能灯

LED 灯的核心是一块电致发光的半导体材料芯片，用银胶或白胶固化到支架上，然后用银线或金线连接芯片和电路板，四周用环氧树脂密封，起到保护内部芯线的作用，最后安装外壳，做成灯带或各种不同用途的灯。如图 3-24 所示为一种常见的 LED 节能灯的结构。

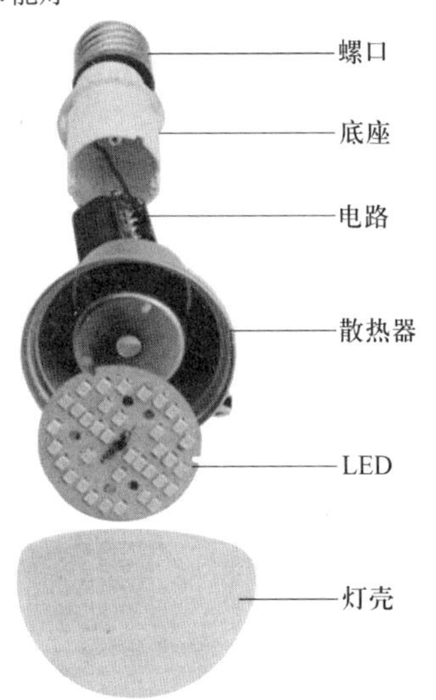

图 3-24　常见的 LED 节能灯的结构

LED 灯具有节能效果好、使用寿命长、绿色环保、耐冲击、无频闪等优点，可以直接发出多种颜色的光，目前已广泛应用于照明、装饰、汽车等各个领域。

在生产和日常生活中，还有许多不同种类的照明灯具被应用在一些特殊的场合，见表 3-7。

表 3-7　部分照明灯具的特点与应用

类别	图示	特点	应用范围
碘钨灯		优点：发光效率高，结构简单，使用时间长，可靠性高，光色好，体积小，安装维修方便 缺点：灯管必须水平安装，管壁温度高，可达 500 ~ 700 ℃	广场、体育场、游泳池、工矿企业的车间、工地、仓库、堆场等，以及建筑工地和田间作业需大面积照明的场所
管型氙气灯		优点：功率极大，显色性好，光效高，使用寿命长 缺点：结构复杂，需配用触发装置，灯管温度很高	大型广场、车间、码头、大型体育场和工地等需大面积照明的场所
高压钠灯		优点：是所有近白色光源中发光效率最高、节能效果最显著的电光源，耐震性能好，使用寿命为白炽灯的 10 倍以上，光线穿透性强 缺点：变色性能差	街道、堆场、车站、码头等，尤其适用于多雾、多尘埃的场所作为一般照明使用
高压汞灯		优点：发光效率高，使用寿命长，耐震、耐热性能好，节能效果好 缺点：启辉时间长，适应电压变动性能差（电压下降 5% 可能会引起自熄），熄灯后的再启动时间长（5 ~ 10 min 后才能再次开灯）	广场、大型车间、街道、车站、码头、露天工场和仓库等场所
金属卤化物灯		优点：光效高，光色好，变色性能较好 缺点：属强光灯，若安装不妥易发生眩光和紫外线辐射	体育场、泳池、广场、建筑工地等面积大、亮度要求高的场所

二、常用照明电路

1. 室内照明电路常用的开关

室内照明电路中常用的墙壁开关种类很多，按连接方式可分为单控开关、双控开关等，按照功能可分为一开单控、一开双控、两开单控、两开双控、三开单控、三开双控、四开单控、四开双控等。

一开（或单开）是指一个面板上只有一个开关，如图 3–25a 所示；两开是指一个面板上有两个开关，如图 3–25b 所示，依此类推。

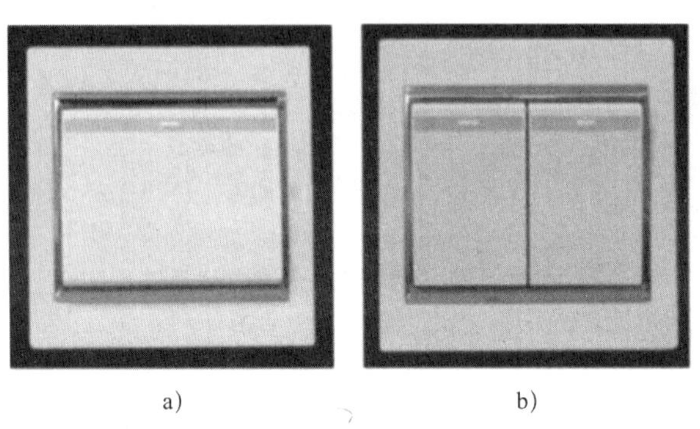

a)　　b)

图 3–25　室内照明电路中常用的墙壁开关

a）一开　b）两开

单控开关是指只对一条线路进行控制的开关，双控开关是指能控制两条线路的开关，也称单刀双掷开关。双控开关有 3 个接线端，其中上下两个为开关控制接线端，中间一个为公共端，如图 3–26a 所示。

2. 单控开关控制电路

用一只单控开关控制一盏灯的电路图如图 3–27 所示。当开关 S 闭合时，灯就会因接通电源而亮起来。

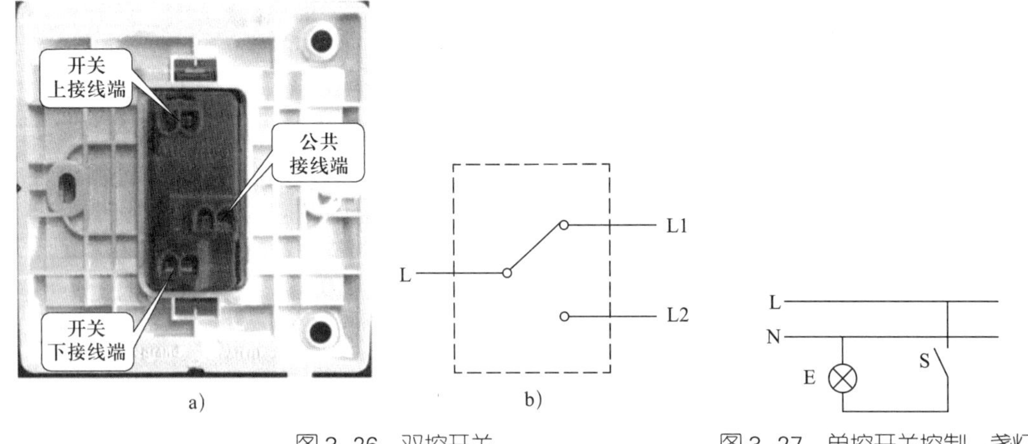

a)　　b)

图 3–26　双控开关

a）外形图　b）接线图

图 3–27　单控开关控制一盏灯

3. 双控开关控制电路

用两只双控开关控制一盏灯的接线示意图和电路如图 3–28 所示。例如，安装在楼梯或走廊中间的照明灯，需要在楼梯上、下或走廊两端都能控制其亮灭，一般都采用这一接法。在灯不亮时，将开关 S1 扳向 L2 或将开关 S2 扳向 L1，都能接通电源，点亮灯具；在灯亮时，将开关 S2 扳向 L1 或将开关 S2 扳向 L2，都会切断电源，熄灭灯具。综上所述，此电路能够实现两地控制一盏灯的功能。两地控制常用在楼道、走廊或卧室的灯具控制中。

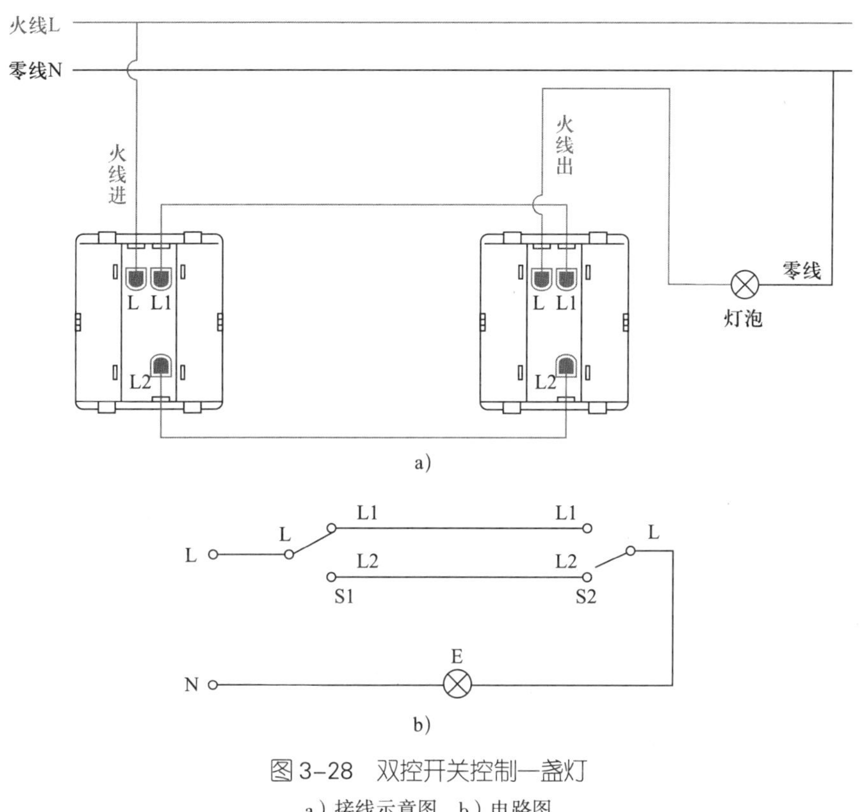

图 3–28　双控开关控制一盏灯

a）接线示意图　b）电路图

三、照明的种类和供电方式

1. 常用照明种类

电气照明按其用途分为生活照明、工作照明和事故照明三种类型。

（1）生活照明。生活照明是指人们日常生活所需要的照明，属于一般照明。它对照度要求不高，可选用光通量较小的光源，但应能比较均匀地照亮周围环境。

（2）工作照明。工作照明是指人们从事生产劳动、工作学习、科学研究和实验所需要的照明。它要求有足够的照度。在局部照明、光源与被照物距离较近等情况下，可用光通量不太大的光源；在公共场合，则要求用较大光通量的光源。

（3）事故照明。在可能因停电造成事故或较大损失的场所，必须设置事故照明装

置，如医院急救室、手术室、矿井、地下室、公众密集场所等。事故照明的作用是：一旦正常的生活照明或工作照明出现故障，它能自动接通电源，代替原有照明。事故照明是一种保护性照明，可靠性要求很高，决不允许在运行时出现故障。

2. 照明的供电方式

（1）单相供电。线路上电气设备的总工作电流不大于 30 A 时，一般采用单相供电。

（2）三相四线制供电。线路上电气设备的总工作电流大于 30 A 时，一般采用 380/220 V 的三相四线制供电，并应力求各相负荷均衡。

使用荧光灯的盏数较多时，可采用三相供电方式，并将荧光灯分别接于各相，以减少频闪现象。除某些有特殊要求的场所外，同一室内的灯具和插座需由同一电源供电，以免发生事故。

思考与练习

一、填空题

1. 常用照明灯具按其发光原理，分为__________光源和___________光源两类。

2. 日光灯主要由________、________、________和灯架等部分组成。

3. LED 是一种能够将电能转化为可见光的______________器件。

二、简答题

1. 简述日光灯线路的工作原理。

2. 画出用两个双控开关控制一盏灯的电路图。

第 4 章 电动机及其基本控制线路

电能是目前最常用的能源之一。在工农业生产和日常生活中，经常需要将电能转换为机械能来驱动各种设备正常运行，如水泵、金属切削机床、电冰箱、洗衣机等。电动机是一种将电能转换为机械能的常用设备，它可以为机器设备提供动力，相当于机器设备的心脏。绝大多数生产机械都用电动机拖动。

目前使用广泛的交流电动机有三相笼型异步电动机和单相异步电动机。

第 1 节 三相笼型异步电动机

三相笼型异步电动机如图 4–1 所示，其具有结构简单、价格低廉、坚固耐用、效率较高、使用维护方便等优点，是目前应用范围最广的电动机。如 CA6140 车床的主轴电动机、X62W 万能铣床的主轴电动机和进给电动机等都是使用的国产 Y 系列三相笼型异步电动机。

图 4–1 三相笼型异步电动机

一、三相笼型异步电动机的基本结构

三相笼型异步电动机的结构如图 4–2 所示，其主要由固定不动的定子和旋转的转子两大部分组成，此外还有端盖、轴承、风扇和接线盒等。在定子和转子之间有一很小的气隙，其长度一般为 0.25 ~ 2 mm。

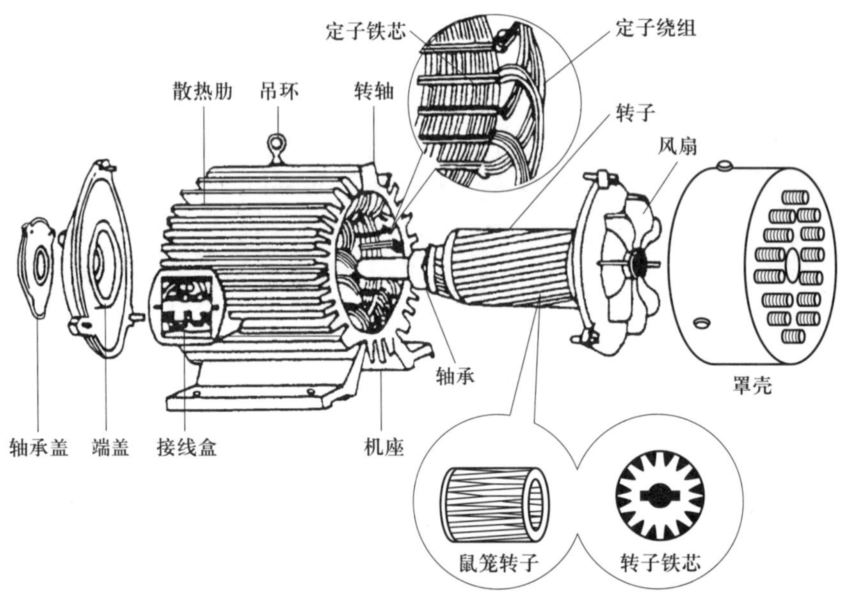

图 4–2　三相笼型异步电动机的结构

1. 定子

定子是电动机的静止部分，主要由定子铁芯、定子绕组和机座等组成，主要作用是产生旋转磁场。

（1）定子铁芯。定子铁芯主要用于嵌放定子绕组，一般用厚 0.35 ~ 0.5 mm、表面涂有绝缘漆的硅钢片叠装而成。在铁芯硅钢片的内圆上冲有均匀分布的槽，用以嵌放定子绕组。

（2）定子绕组。定子绕组是电动机的电路部分，由嵌放在定子铁芯槽内的三个独立的对称绕组构成，三个绕组的首端分别用 U1、V1、W1 表示，对应的三个尾端分别用 U2、V2、W2 表示，六个出线端分别接到机座外侧接线盒的六个接线端子上，可按需要将三相绕组接成 Y 形或△形，如图 4–3 所示。

（3）机座。机座用铸铁或铸钢制成，作用是固定定子铁芯，并以两个端盖支撑转子，保护电动机的电磁部分并散发电动机运行过程中产生的热量，因此要求有足够的强度和刚度，并能满足通风散热的需要。

2. 转子

转子是电动机的旋转部分，主要由转子铁芯、转子绕组、转轴和风叶等组成，作用是产生电磁转矩驱动转子转动。

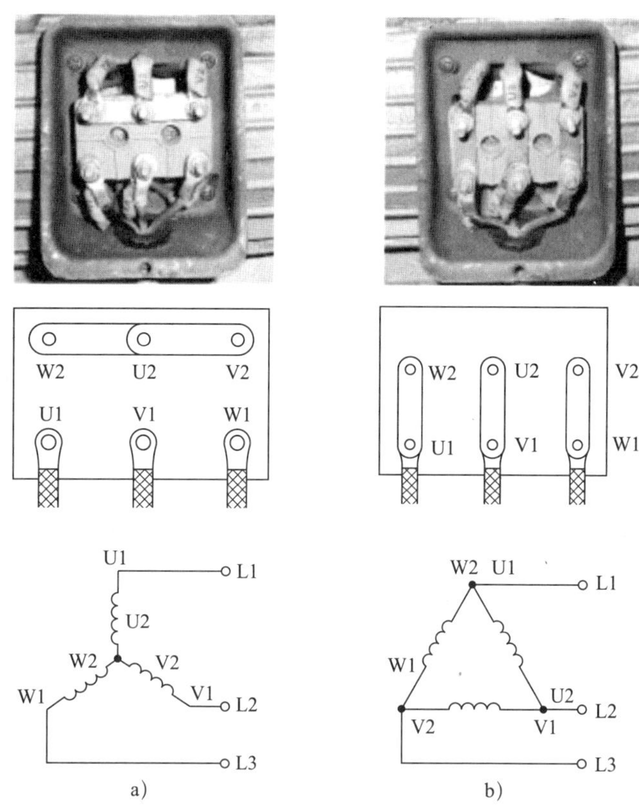

图 4–3　定子绕组连接方式

a）定子绕组的丫形接法　b）定子绕组的△形接法

（1）转子铁芯。转子铁芯一般用 0.5 mm 厚的硅钢片叠装而成，硅钢片的外圆冲有均匀分布的槽，用以嵌放（或浇铸）转子绕组。转子铁芯固定在转轴或转子支架上。

（2）转子绕组

转子绕组有笼型和绕线型两种结构形式。笼型转子就是在铁芯两端用导电的端环将槽孔内的铜条连接起来，形成回路。如果去掉转子铁芯，转子的结构呈笼型，如图 4–4a 所示。

中小型异步电动机通常采用铸铝转子，就是把熔化的铝浇铸在转子铁芯槽内，并连同两个端环和风叶铸为一体，如图 4–4b 所示。用铸铝转子代替铜条转子，可简化电动机的制造工艺，降低电动机的生产成本。

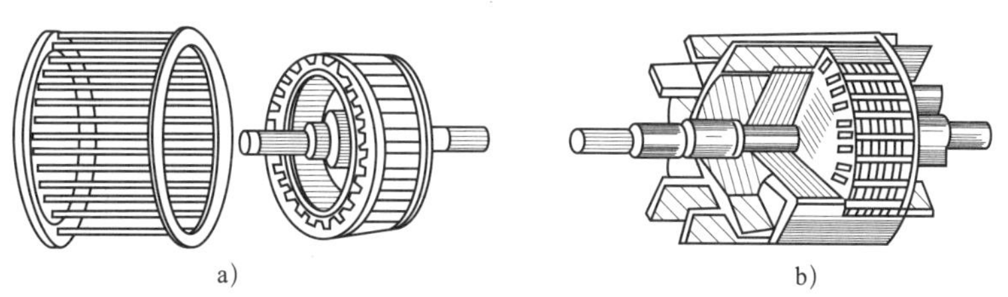

图 4–4　笼型转子

a）嵌放铜条的笼型转子　b）铸铝转子

三相笼型异步电动机定子与转子之间气隙的大小对电动机的性能影响很大。为了减小空载电流，提高功率因数，应尽量减小气隙，但气隙也不能过小，否则会造成装配困难和运行不安全。

二、三相笼型异步电动机的工作原理

1. 基本工作原理

三相笼型异步电动机的工作原理可以用如图 4–5 所示的演示实验来说明。在装有手柄的蹄形磁铁的两极间放置一个笼型转子，当转动手柄带动蹄形磁铁旋转时，会发现笼型转子也跟着旋转；若改变磁铁的转向，则笼型转子的转向也随之改变。

笼型转子跟随磁铁旋转是因为当磁铁旋转时，磁铁与笼型转子中的闭合导体发生相对运动，笼型转子导体切割磁感线而在其内部产生感应电动势和感应电流。流过感应电流的转子导体又受到磁场的作用，产生电磁转矩，驱动笼型转子沿磁铁的旋转方向转动，这就是异步电动机的基本工作原理。

可见要使异步电动机的笼型转子旋转，必须有旋转的磁场。在三相笼型异步电动机定子上布置有结构完全相同、在空间位置相差 120°电角度的三相绕组，分别通入三相对称的交流电流时，在定子与转子的气隙间便产生一个旋转磁场。定子绕组中的旋转磁场将切割转子导体，由于转子绕组是闭合的，所以转子绕组中便有感应电流流过，绕组中的感应电流同时又受到旋转磁场的作用，产生电磁转矩，于是转子就沿着旋转磁场的方向旋转起来，如图 4–6 所示。

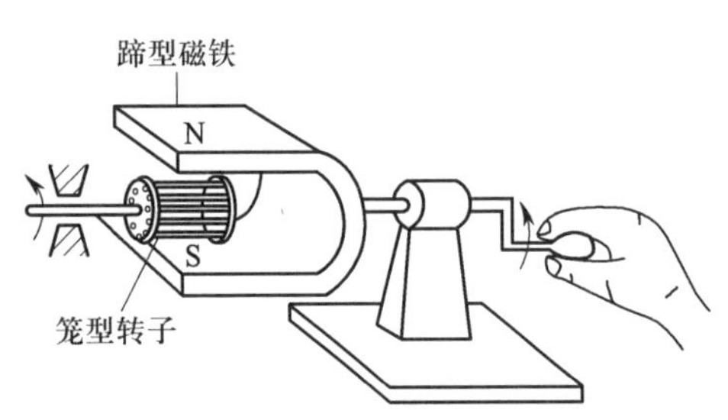

图 4–5　笼型转子随旋转磁场转动的演示实验

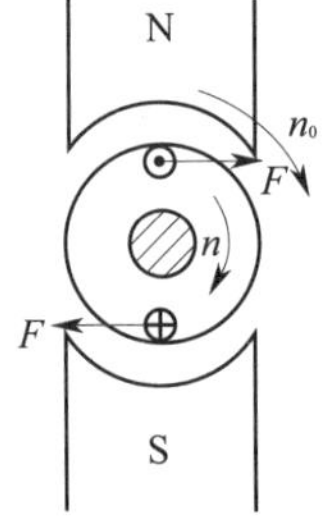

图 4–6　笼型转子转动原理

2. 旋转磁场的转速和旋转方向

三相笼型异步电动机旋转磁场的转速与电动机的磁极数有关，而电动机的磁极数由三相绕组的结构决定。

三相笼型异步电动机旋转磁场的转速 n_1 与电动机磁极对数 p 的关系为：

$$n_1=\frac{60f}{p}$$

可见，旋转磁场的转速 n_1 决定于电流频率 f 和磁场的极数 p。对某一异步电动机而言，f 和 p 通常是一定的，所以磁场转速 n_1 是个常数，称为同步转速。

在我国，常用交流电的频率 f=50 Hz，由此可知对应于不同磁极对数 p 的旋转磁场转速 n_1，见表 4–1。

表 4–1　旋转磁场的转速

p	1	2	3	4	5	6
n_1（r/min）	3 000	1 500	1 000	750	600	500

三相笼型异步电动机转子的旋转方向与旋转磁场的方向相同，而旋转磁场的方向是由三相绕组中的电流相序决定的，若想改变旋转磁场的方向，只要改变通入定子绕组的电流相序，即将三根电源线中的任意两根对调即可。这时，转子的旋转方向也会随之改变。

3. 转差率 s

三相笼型异步电动机正常运行时，转子的转速 n 不可能达到与同步转速 n_1 相等，否则转子与旋转磁场之间就没有相对运动，磁感线就不切割转子导体，转子感应电动势、转子感应电流以及转矩就都不存在了。也就是说，旋转磁场与转子之间必须存在转速差，通常把这种电动机称为异步电动机，又因为这种电动机的转动原理是建立在电磁感应基础上的，所以又称为感应电动机。

转子实际转速 n 与磁场转速 n_1 相差的程度用转差率 s 来表示，表达式为：

$$s=\frac{n_1-n}{n_1}$$

转差率是异步电动机的一个重要物理量，异步电动机正常运行时，转子实际转速与同步转速一般很接近，转差率很小，在额定工作状态下一般为 0.015 ~ 0.06。

三、三相笼型异步电动机的铭牌

电动机的机座上装有一块铭牌，标出了电动机的主要结构和性能参数，是正确选择和使用异步电动机的重要依据。如图 4–7 所示为目前广泛应用的国产 Y 系列三相笼型异步电动机的铭牌。

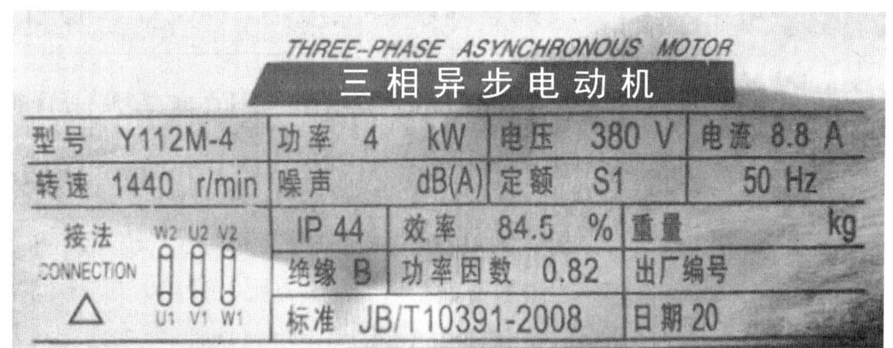

图 4–7　三相笼型异步电动机的铭牌

1. 型号

国产 Y 系列三相笼型异步电动机的型号及含义如下。

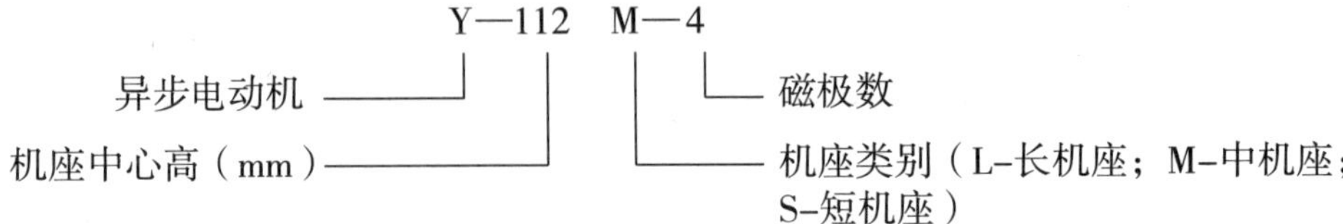

2. 额定功率

电动机在额定工作状态下，即在额定电压、额定电流和规定冷却条件下运行时，转轴上输出的机械功率，单位为 kW 或 W。

3. 额定电压

电动机在额定工作状态下运行时，定子绕组规定使用的电源线电压，单位为 V 或 kV。

4. 额定电流

电动机在额定工作状态下运行时，定子电路输入的线电流，单位为 A。

5. 额定转速

电动机在额定工作状态下运行时的转速，单位为 r/min。

6. 接法

电动机定子绕组的连接方式，一般有 Y 形和△形两种接法，小容量电动机（3 kW 以下）多采用 Y 形接法，容量较大的电动机（4 kW 以上）采用△接法。

7. 功率因数

电动机在额定状态下运行时，输入的有功功率与视在功率的比值。电动机空载运行时，功率因数很低，约为 0.2；满载运行时，功率因数较高，一般为 0.75 ~ 0.92。

8. 绝缘等级

电动机所用绝缘材料的耐热等级，通常分为 Y、A、E、B、F、H、C 七个等级，目前常用的主要有五个等级，见表 4–2。

表 4–2　绝缘材料的耐热等级

等级	E	B	F	H	C
最高工作温度（℃）	120	130	155	180	大于 180

Y 系列三相笼型异步电动机采用 B 级绝缘，新型 Y2 系列三相笼型异步电动机采用 F 级绝缘。

9. 工作制（定额）

电动机的工作制分为连续、短时和断续三种。S1 表示电动机为连续工作制，即在额定状态下可连续工作，如机床、水泵、通风机等设备所用的异步电动机即为连续工作制。S2 表示短时运行工作制，即在额定状态下持续运行时间不允许超过规定的时限，否则会使电动机过热。短时工作制分为 10 min、30 min、60 min、90 min 四种。

S3 表示断续运行工作制，即电动机工作与停歇交替进行，时间都很短，如吊车、起重机等所用的电动机。

四、三相笼型异步电动机的安装与使用

1. 三相笼型异步电动机安装前的检查

电动机在安装前，应进行全面的检查，检查的步骤如下。

（1）认真核对电动机铭牌上给出的各项数据（如型号规格、额定功率、额定电压、防护等级等）与图样规定或现场实际要求是否相符。

（2）检查电动机的外壳、风罩、风叶有无损伤；外壳上是否有旋转方向的标志和编号。

（3）检查电动机装配是否良好，端盖螺钉是否紧固；用手转动转轴，观察轴转动是否灵活，是否有轴向蹿动；风扇安装是否牢固，仔细倾听内部是否有摩擦等声音。

（4）拆开接线盒，用万用表检查三相绕组是否断路，连接是否牢固。必要时可用电桥测量三相绕组的直流电阻，检查其阻值偏差是否在允许范围内（各相绕组的直流电阻与三相电阻平均值之差一般不允许超过 ±2%）。

（5）对于新电动机、长期不用的电动机，在安装使用前应用兆欧表检查各相绕组间及各相绕组对地的绝缘电阻。对额定电压 500 V 及以下的电动机，应使用 500 V 的兆欧表测量，测得的绝缘电阻值应不低于 0.5 MΩ。

1）使用兆欧表测量电动机相、地之间的绝缘电阻（见图 4–8b）。将兆欧表的线路端（L）接在被测电动机需测量相的接线端子上，接地端（E）接在被测电动机外壳接地部位，由慢到快旋转手柄，当转速达到 120 r/min 时，保持匀速转动，当指针稳定时，读出读数。

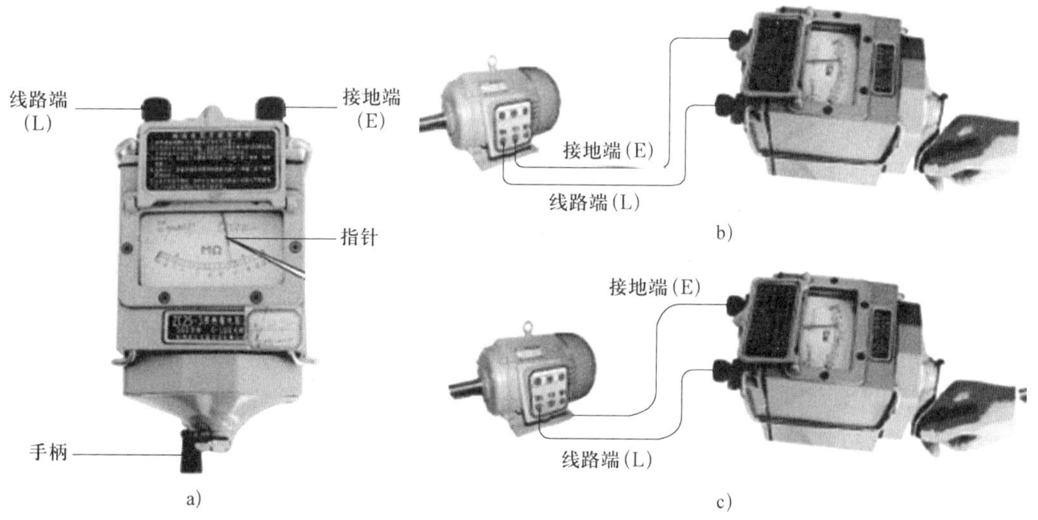

图 4–8　测量电动机绝缘电阻

a）兆欧表　b）测量电动机相、地之间的绝缘电阻　c）测量电动机两相之间的绝缘电阻

2）使用兆欧表测量电动机两相之间的绝缘电阻（见图 4–8c）。将兆欧表的线路端（L）和接地端（E）分别接在被测电动机需测量两相的接线端子上，由慢到快旋转手柄，当转速达到 120 r/min 时，保持匀速转动，当指针稳定时，读出读数。

检查完毕，确认电动机完好，即可进行安装。

2. 三相笼型异步电动机安装

为了保证电动机能平稳地安全运转，必须把电动机牢固地安装在底座上。无固定底座时，一般中小型电动机可用螺栓固定在角钢架上，也可紧固在埋入混凝土基础内的地脚螺栓上。

（1）安装电动机。为防止振动，在电动机与基础之间垫衬一层质地坚韧的木板或硬橡胶等防振物；四个角的地脚螺栓上均要套上弹簧垫圈。

电动机安装就位后，应使用水平仪对电动机的安装位置进行水平校正，如果不平，可在机座下面垫上 0.5 ~ 5 mm 厚的钢片进行校正，然后按对角交错的次序逐个将紧固螺母拧紧。

（2）敷设连接导线。电动机的引线应选择符合要求的绝缘导线，且应穿钢管或硬塑料管加以保护。

（3）连接电动机接线盒内的出线。如果将三相绕组首尾（U1 与 W2、V1 与 U2、W1 与 V2）相接，然后将三个首端 U1、V1、W1 分别与三相电源 L1、L2、L3 相接，则为电动机的△形接法，如图 4–9a 所示。

如果将三相绕组的尾端 U2、V2、W2 短接在一起，首端 U1、V1、W1 分别接三相电源，则为电动机的丫形接法，如图 4–9b 所示。

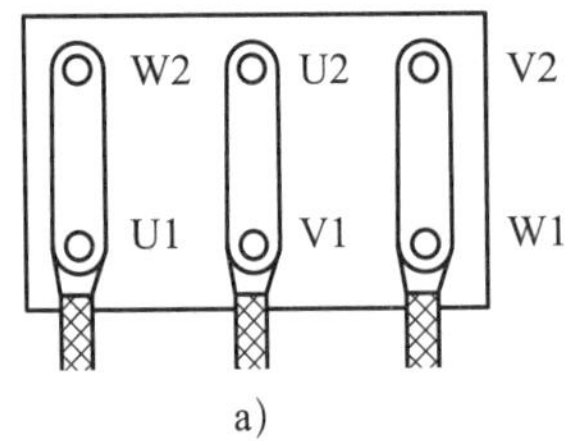

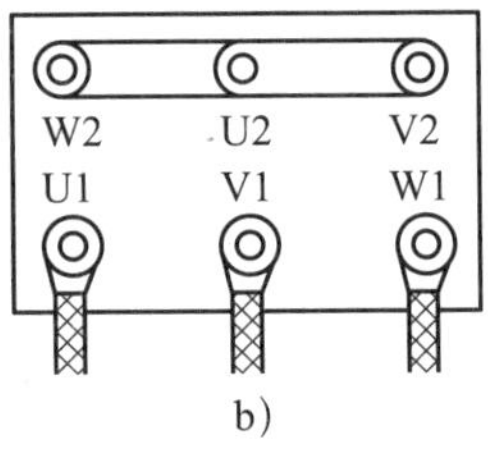

图 4–9　三相定子绕组的接法

a）△形接法　b）丫形接法

（4）通电试运行。接通电动机电源，让电动机空载运行，观察电动机的运行是否平稳，转向是否符合要求。如果电动机反转，则应切断电源，将三相电源中的任意两相换接即可。

3. 三相笼型异步电动机日常维护

三相笼型异步电动机在运行过程中，不可避免出现各种故障，从而影响设备的正常工作。对运行中的电动机进行日常维护，能有效减少故障的发生，是保证电动机稳定、可靠、经济运行的重要措施。正确判断、处理电动机常见的简单故障，能最大限度地减少损失，提高设备运行的可靠性。

（1）定期清扫，保持电动机清洁。电动机外壳不得堆积灰尘，不允许有水滴、油污以及杂物落入电动机内部，否则会影响电动机的绝缘和散热；电动机的进、出风口必须保持畅通。

（2）经常检查轴承有无发热、漏油现象，定期更换轴承油。

（3）定期测量电动机的绝缘电阻，特别是电动机受潮时，如发现电动机的绝缘电阻过低，要及时进行烘干处理，待检测合格后才能继续投入使用。

（4）监视电动机的电源电压和频率。异步电动机长期运行时，要求电源电压与额定值的偏差不得超过 ±5%（频率为额定值），频率与额定值的偏差不得超过 ±1%（电压为额定值）。

（5）监视电动机的负载电流。电动机的负载电流不应超过铭牌上所规定的额定电流值。三相交流电流的有效值相差不得超过 ±10%。

（6）监视电动机的温升。电动机正常运行时的温升不应超过容许的限度，运行时应经常注意各部分的温升情况。

（7）注意电动机的振动、噪声和气味。电动机绕组温度过高时会发出焦臭味，机械方面发生故障时会产生振动和噪声。因此，当感觉到有异常振动、闻到有焦臭味或听到有异常声音（如碰撞声、摩擦声等）时，应立即停车检查。

4. 三相笼型异步电动机常见故障的处理

当电动机发生故障时，应立即停车检查。设备运行人员应能对电动机进行初步检查，大体判断故障的类型和严重程度，并能处理一些简单的故障。

三相笼型异步电动机的常见故障一般可分为机械故障和电气故障两大类。机械故障主要有轴承过热、有异常噪声或振动、定子铁芯与转子铁芯相摩擦等。电气故障主要有定、转子绕组断路、短路和接地等。

检查电动机的故障时，一般按“先外后里、先机后电、先听后检”的顺序进行。先检查电动机的外部是否有故障，再检查电动机的内部；先检查机械部分，再检查电气部分；先听使用者介绍故障和使用情况，再动手进行检查。根据故障现象分析判断故障原因，采取适当的对策排除故障。

三相笼型异步电动机的常见故障及处理方法见表 4-3。

表 4-3　三相笼型异步电动机的常见故障及处理方法

故障现象	可能原因	处理方法
电动机不能启动	1. 熔断器的熔体熔断 2. 电源线断线或控制设备接线错误 3. 定、转子相摩擦 4. 负载过重或负载机械卡死 5. 电源电压过低 6. 定子绕组短路或断路 7. 轴承损坏或有异物卡住	1. 检查并更换熔断器的熔体 2. 检查并校正接线 3. 检查摩擦原因，校正转轴 4. 检查负载机械和传动装置 5. 调整电源电压 6. 检查并修理定子绕组 7. 检查或更换轴承

续表

故障现象	可能原因	处理方法
电动机的转速低，转矩小	1. 电源电压低 2. 笼型转子端环、笼条断裂或脱焊 3. 将△形误接成丫形 4. 定子绕组局部断路或短路	1. 检查电动机的电源电压 2. 修补断裂处或更换转子 3. 重新接线 4. 检修定子绕组
电动机过热或冒烟	1. 电源电压过低或三相电压相差过大 2. 负载过重 3. 电动机缺相运行 4. 定子铁芯硅钢片间绝缘损坏，使铁芯涡流增大 5. 转子和定子相摩擦 6. 定子绕组有接地或短路故障 7. 绕组受潮 8. 电动机通风不畅	1. 检查电动机的电源电压 2. 减轻负载或更换较大功率的电动机 3. 检查电源电压，找出缺相原因并修复 4. 对铁芯进行绝缘处理或适当增加每槽内导线的匝数 5. 校正转子轴，检查、更换轴承 6. 修理或更换有故障的绕组 7. 对绕组进行烘干处理 8. 清除风道的污垢、灰尘，使风道畅通
电动机轴承过热	1. 装配不当使轴承受外力 2. 轴承内有异物或缺油 3. 转轴弯曲，使轴承受外力 4. 轴承损坏 5. 带过紧或联轴器装配不良 6. 轴承标准不合适	1. 重新装配 2. 清洗轴承并加入洁净的润滑脂 3. 校正转轴 4. 更换轴承 5. 调整带的张力或校正联轴器 6. 选配标准合适的新轴承
电动机外壳带电	1. 接地不良 2. 绕组受潮 3. 绕组绝缘损坏 4. 引出线绝缘损坏	1. 检查接地装置，找出原因并修复 2. 烘干绕组 3. 检查并恢复绝缘 4. 找出损坏处并恢复绝缘

知识拓展

三相笼型异步电动机首尾端判别

三相笼型异步电动机的绕组在接线盒内有六个引出线，首先要进行首尾端判断，才能正确接线，常用的判别方法有以下几种。

1. 低压交流电源法

（1）使用万用表的欧姆挡，对六个出线端进行两两相测，确定出三相绕组。

（2）给三相绕组假设编号，分别编为 U1、U2、V1、V2、W1、W2，然后将 V1、U2 连接起来，构成两相串联，如图 4-10 所示。

（3）在 U1、V2 线头上接上交流电压表（或灯泡）。

（4）在另一相绕组 W1、W2 上接上 36 V 低压交流电源，接通电路，若电压表有读数（或灯泡亮），说明线头 U1、U2、V1、V2 的编号正确；若电压表无读数（或灯泡不亮），说明编号错误，将 U1、U2 或 V1、V2 中的任意两个线头的编号对调一下即可。

（5）用同样的方法可判别 W1、W2 的假设编号是否正确。

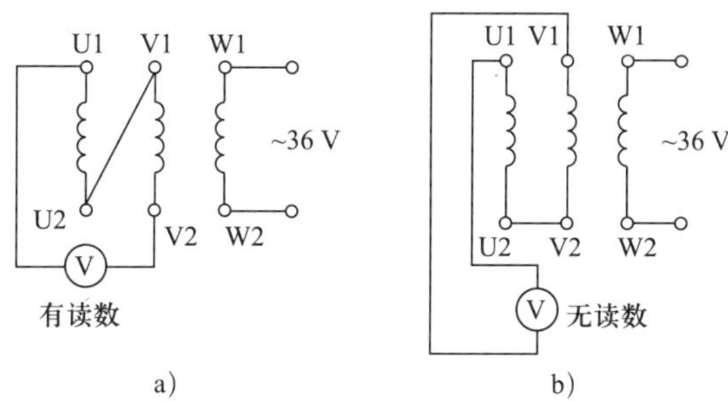

图 4–10　用低压交流电源法判别定子绕组的首尾端

a）电压表有读数　b）电压表无读数

2. 剩磁感应法

（1）使用万用表的欧姆挡，对六个出线端进行两两相测，确定出三相绕组。

（2）给三相绕组假设编号，分别编为 U1、U2、V1、V2、W1、W2。

（3）按如图 4–11 所示的电路接线，使用万用表的微安挡（或用微安表），用手转动电动机的转子，若万用表的指针不动，则说明假设的编号是正确的，如图 4–11a 所示；若指针有摆动，说明其中一相的首尾端假设编号错误，如图 4–11b 所示，应逐相对调重测，直至指针不动为止。

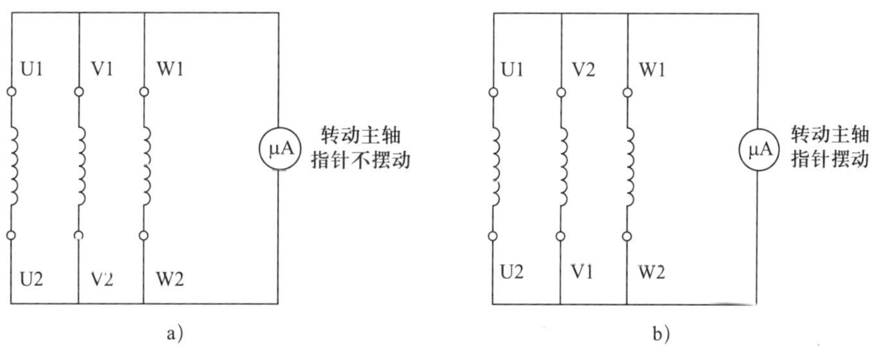

图 4–11　用剩磁感应法判别定子绕组的首尾端

a）指针不摆动　b）指针摆动

3. 低压直流电源法

（1）分清各相绕组的线头并进行假设编号。

（2）按如图 4–12 所示的电路接线，合上电源开关的瞬间，若微安表（或用万用表的微安挡）指针偏向大于零的一侧，则接电池正极的线头与微安表负极所接的线头同为首端（或尾端）。

（3）再将微安表接到另一相的两个线头，用同样的方法判别其首尾端。

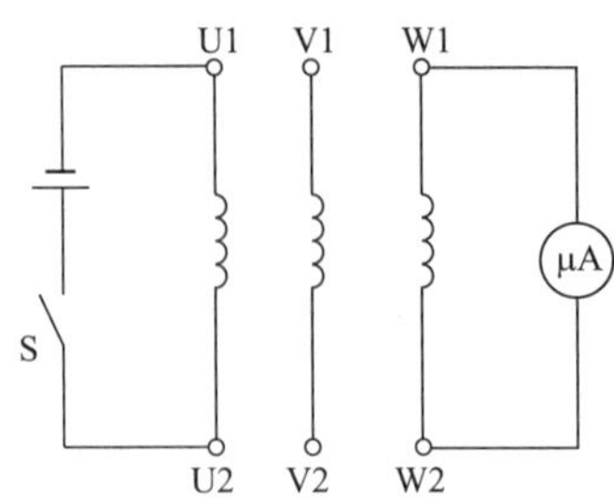

图 4–12　用低压直流电源法判别绕组的首尾端

判别后，首端用 U1、V1、W1 标注，尾端用 U2、V2、W2 标注。

思考与练习

一、填空题

1. 三相笼型异步电动机的结构主要由固定不动的________和旋转的________两大部分组成。

2. 定子的主要作用是_______。转子的主要作用是产生____________驱动转子转动。

3. 电动机定子绕组的连接方式，一般有_______和_______两种接法，小容量电动机多采用_______接法，容量较大的电动机采用_______接法。

4. 转子绕组有________和________型两种结构形式。

5. 电动机的工作制分为________、________和________三种。

6. 通常将旋转磁场与转子之间存在转速差的电动机称为_____电动机。

二、选择题

1. 要使异步电动机的笼型转子旋转，必须有（　　）。

A. 稳定的磁场　　B. 旋转的磁场　　C. 脉动磁场

2. 变压器铭牌上额定容量的单位为（　　）。

A. kV · A 或 MV · A　　B. V · A 或 MV · A　　C. kV · A 或 V · A

三、简答题

1. 三相笼型异步电动机定子中产生旋转磁场的条件是什么?

2. 如何使三相异步电动机反转?

3. 什么是转差率?

4. 电动机外壳带电的原因是什么? 应如何进行此故障的检修? （至少列举两种情况）

第 2 节　单相异步电动机

单相异步电动机是用单相交流电源供电的小容量电动机，具有结构简单、运行可靠、可直接使用 220 V 单相交流电源供电等优点，在小功率或者只有单相电源的应用场合，如洗衣机、电风扇、电冰箱等家用电器以及许多小型生产机械中，得到广泛应用。

日常生活中使用的台扇，工作时使用单相交流电，令台扇转动的就是单相异步电动机，如图 4–13 所示为台扇及其电动机。台扇在工作过程中，需要电动机拖动风扇扇页绕水平轴线转动。那么，单相异步电动机是如何驱动台扇工作的？它是由哪几部分组成的？每个部分的作用分别是什么？在生产生活中大量使用着各种不同类型的单相异步电动机，它们与台扇上使用的电动机有什么区别？

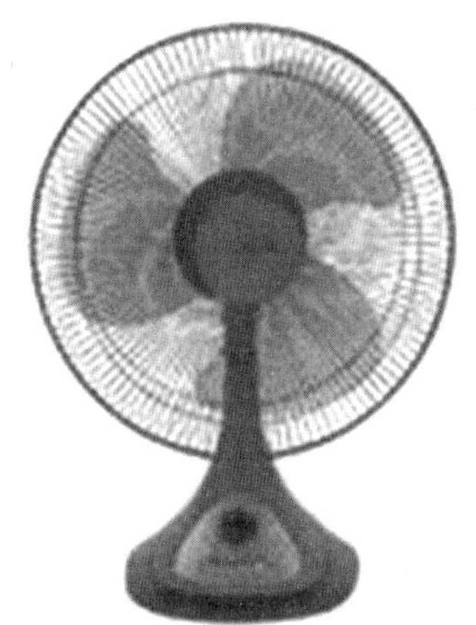

图 4–13　台扇及其电动机

一、单相异步电动机的结构

单相异步电动机主要由定子和转子两部分组成，如图 4–14 所示。但因电动机使用场合不同，结构形式也有所不同，常见的结构形式有以下几种。

1. 内转子结构

内转子结构形式的单相异步电动机，转子位于电动机内部，主要由转子铁芯、转子绕组和转轴组成；定子位于电动机外部，主要由定子铁芯、定子绕组、机座、前后端盖和轴承等组成。台扇电动机即为内转子结构的单相异步电动机，其结构如图 4–15 所示。

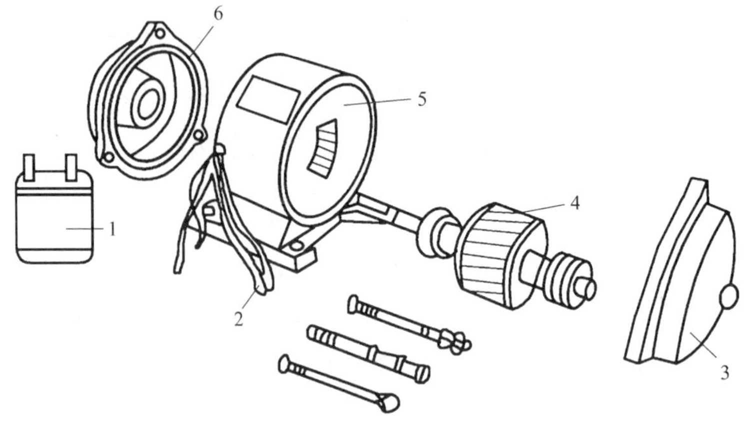

图 4-14　单相异步电动机的结构

1—电容器　2—电源接线　3—端盖　4—转子　5—定子　6—端盖

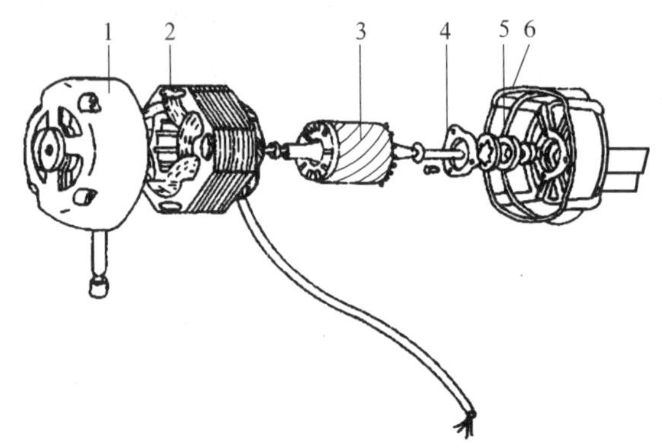

图 4-15　台扇电动机的结构

1—前端盖　2—定子　3—转子　4—轴承盖　5—油毡圈　6—后端盖

2. 外转子结构

外转子结构形式的单相异步电动机，定子铁芯及定子绕组置于电动机内部，转子铁芯、转子绕组压装在下端盖内，上下端盖用螺钉连接，并借助于滚动轴承与定子铁芯及定子绕组一起组合成一台完整的电动机。电动机工作时，上下端盖、转子铁芯及转子绕组一起转动，如图 4-16 所示为外转子结构的吊扇电动机。

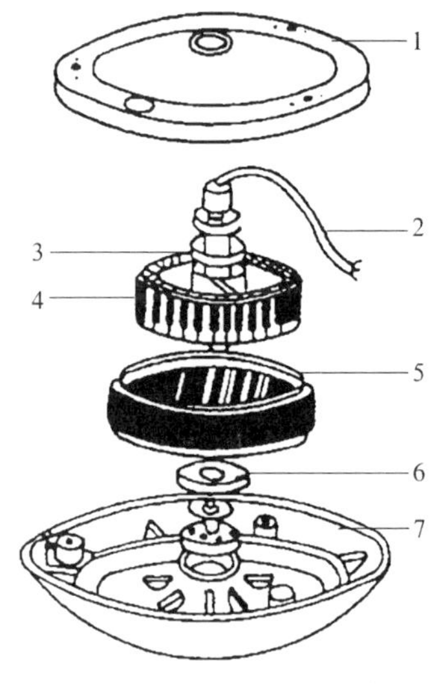

图 4-16　吊扇电动机的结构

1—上端盖　2—引出线　3—挡油罩
4—定子　5—外转子　6—挡油罩　7—下端盖

二、单相异步电动机的工作原理

通过学习三相笼型异步电动机的工作原理可知，异步电动机的转子要旋转，必须在定子中产生一个旋转磁场。而在单相异步电动机的单相绕组中通入单相交流电流时，在定子中并不能产生旋转磁场，因此在静止的转子上并不能产生转动力矩，即单相异步电动机不能产生启动转矩。但当电动机转子转动后，转子上就会有转动力矩，带动转子旋转。因此，单相异步电动机必须解决启动问题。

为了使单相异步电动机接入电源后能产生启动转矩而自行启动运转，通常在单相异步电动机的定子铁芯上嵌放两套绕组，两套绕组的结构基本相同，空间位置上相差90°电角度，一套为工作绕组（主绕组），另一套为启动绕组（副绕组）。在两套绕组中分别通入相位差为90°电角度的电流，单相电动机即可产生旋转磁场，从而在转子上产生启动转矩，驱动电动机启动运转。

根据单相异步电动机启动方法和运行方法的不同，常见的单相异步电动机主要可分为单相电阻启动异步电动机、单相电容启动异步电动机、单相电容运行异步电动机、双值电容单相异步电动机、罩极电动机等几种，其结构特点和应用见表4–4。

表4-4 单相异步电动机的结构特点和应用

电动机种类	结构特点	原理电路	工作特点及应用范围
单相电阻启动异步电动机	1. 工作绕组匝数多，导线粗，近似纯电感负载；启动绕组导线细，近似纯电阻负载 2. 启动时两个绕组共同工作，启动结束后，启动开关S将启动绕组自动切除	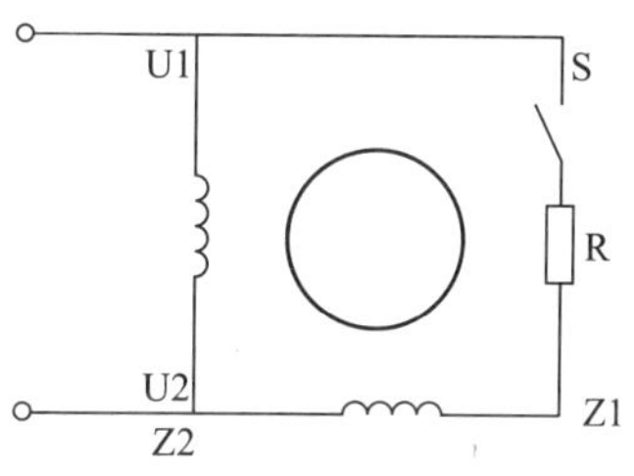 U1 S R U2 Z2 Z1	具有中等启动转矩，但启动电流较大，广泛用于小型鼓风机、电冰箱等
单相电容启动异步电动机	1. 启动绕组中串入启动电容C 2. 启动结束后，启动开关S将启动电容自动切除	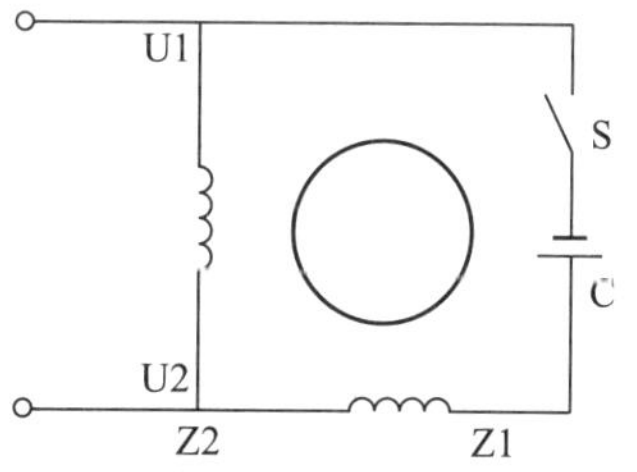 U1 S C U2 Z2 Z1	具有较大启动转矩，单渠道电流较大，适用于小型压缩机、洗衣机等重载启动的场合
单相电容运行异步电动机	1. 启动绕组中串入启动电容C 2. 无启动开关，启动绕组参与运行	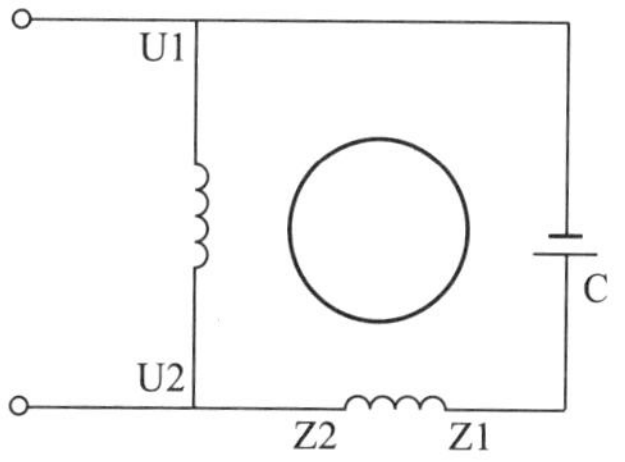 U1 C U2 Z2 Z1	效率和功率因数较高，但启动转矩较小，多用于电风扇、吸尘器等

续表

电动机种类	结构特点	原理电路	工作特点及应用范围
双值电容单相异步电动机	1. 启动电容 C1 和工作电容 C2 并联后与启动绕组串联 2. 启动时两只电容都工作，启动结束后，启动开关 S 将启动电容 C1 切除，工作电容 C2 参与运行	U1 U2 S C1 C2 Z2 Z1	具有较大的启动转矩、较高的效率和功率因数，广泛用于小型机床设备
罩极电动机	定子由一组绕组构成，定子铁芯的一部分套有铜制的短路环	U1 罩 未罩 U2	效率和功率因数较低，运行方向不能改变，用于仪表风扇、鼓风机等小功率轻载启动场合

三、单相异步电动机的使用

在单相异步电动机的使用过程中，经常要求电动机能够反转和调速，如台扇电动机需调节转速；吊扇电动机安装时需要校准转向，工作中需要调节转速；洗衣机电动机则需要不断地改变转向。

1. 单相异步电动机的反转

改变单相异步电动机转向的方法有以下两种。

（1）改变绕组接线。单相异步电动机的转向，是由工作绕组与启动绕组中产生的磁场在时间上有近似于 90° 电角度的相位差决定的，若把其中一个绕组反接，等于把这个绕组的磁场相位改变了 180°，旋转磁场的转向也随之改变。所以只要将单相异步电动机工作绕组或启动绕组中的一组绕组首端和末端与电源的接线对调，就可以达到改变转向的目的。

（2）改变电容的连接。有些单相电容运行异步电动机需经常改变转向，如洗衣机电动机，可通过改变电容的接法来改变电动机的转向。

其工作原理是：把电容从一组绕组换接到另一组绕组，则流过该绕组的电流从原来的超前 90° 变为滞后 90°，改变了旋转磁场的旋转方向，从而实现了电动机的反转。如图 4–17 所示，当定时器内的开关处于图中所示位置时，

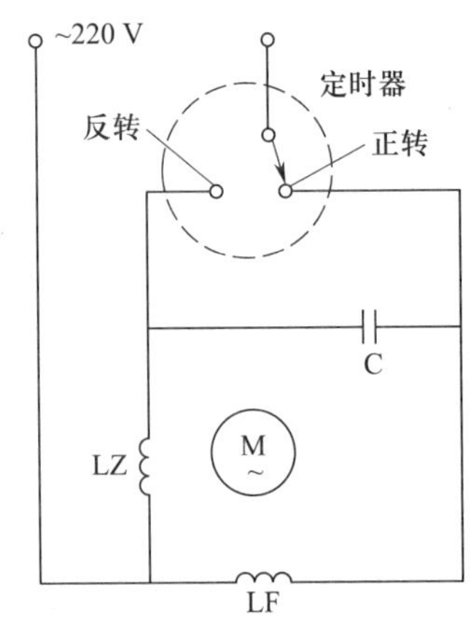

图 4–17　通过改变电容接法改变电动机转向

电容串联在 LZ 绕组中；经过一段时间后，定时器开关自动动作，把电容 C 从 LZ 绕组中切除，串入 LF 绕组中，从而实现了电动机的反转。

这种电动机的工作绕组和启动绕组可以互换，所以两个绕组的匝数、粗细、占槽数都应相等。

2. 调节单相异步电动机的转速

台扇电动机一般采用改变绕组内部抽头的方法调节转速，即通过调速开关，改变绕组的接线方法，从而改变电动机内部气隙磁场的大小，达到调节电动机转速的目的。

在风机型负载情况下，单相异步电动机也可以采用串电抗器调速和晶闸管调速，其调速方法及特点见表 4–5。

表 4–5　单相异步电动机的调速方法及特点

调速方法	串电抗器调速	改变绕组内部抽头调速	晶闸管调速
调速电路	LZ　LF　M ~　C　慢　中　快　停　~220 V	LF　LL　M ~　C　LZ　快　停　中　慢　~220 V	M ~　RP　~220 V　R　Rg　V1　V2　C
调速原理	将电抗器与电动机定子绕组串联，利用电抗器上产生的电压降，使加到电动机定子绕组上的电压降低，从而将电动机的转速下调	电动机定子铁芯嵌放有工作绕组 LZ、启动绕组 LF 和中间绕组 LL，通过开关改变中间绕组与工作绕组及启动绕组的接法，调节电动机的转速	通过改变晶闸管的导通角来改变加在单相异步电动机上的交流电压，从而调节电动机的转速
调速特点	方法简单，操作方便，但只能有级调速，且电抗器上会消耗电能，基本已不再使用	不需电抗器，可节省材料，减少能耗，但绕组嵌线和接线复杂，电动机和调速开关接线较多，且是有级调速	可以实现无级调速，节能效果好；但会产生电磁干扰，广泛用于风扇调速

四、单相异步电动机常见故障及处理方法

单相异步电动机常见故障及处理方法见表 4–6。

表 4-6 单相异步电动机常见故障及处理方法

故障现象	故障原因	处理方法
电源电压正常，但通电后电动机不转	1. 定子或转子开路 2. 离心开关触点未闭合 3. 电容开路或短路 4. 转轴卡住	1. 检查定子或转子绕组 2. 检查离心开关触点、弹簧等，加以调整或修理 3. 更换电容 4. 清洗或更换轴承
电动机接通电源后熔断器熔断	1. 定子绕组内部接线错误 2. 定子绕组有匝间短路或对地短路 3. 电源电压过高 4. 熔断器规格选择不当	1. 检查定子绕组接线 2. 用短路测试器检查绕组是否有匝间短路，用兆欧表检查绕组对外壳的绝缘电阻 3. 检查电源电压 4. 更换合适的熔断器
电动机过热	1. 定子绕组有匝间短路或对地短路 2. 离心开关触点不断开 3. 启动绕组与工作绕组接错 4. 电源电压不正常 5. 电容损坏 6. 定子与转子相擦 7. 轴承故障	1. 用短路测试器检查绕组是否有匝间短路，用兆欧表检查绕组对外壳的绝缘电阻 2. 检查离心开关触点、弹簧等，加以调整或修理 3. 测量两组绕组的直流电阻，电阻大者为启动绕组 4. 用万用表测量电源电压并进行处理 5. 更换电容 6. 找出原因对症处理 7. 清洗或更换轴承
电动机运行时振动或噪声过大	1. 定子与转子轻度相碰 2. 轴承变形或转子不平衡 3. 轴承故障 4. 电动机内部有杂物 5. 电动机装配不良	1. 找出原因对症处理 2. 如无法调整，则需更换转子 3. 清洗或更换轴承 4. 拆开电动机，清洗杂物 5. 重新装配
电动机外壳带电	定子绕组绝缘损坏，与铁芯、端盖或外壳相碰	找出绝缘损坏处，用绝缘材料和绝缘漆恢复绝缘。如果定子绕组在铁芯槽内绝缘损坏，则需重新嵌线
电动机绝缘电阻降低	1. 电动机受潮或灰尘较多 2. 电动机绝缘老化	1. 拆开后清扫并进行烘干处理 2. 重新浸漆处理

思考与练习

一、填空题

1. 单相异步电动机主要由________和________两部分组成。

2. 单相异步电动机启动时，在两套绕组中分别通入相位差为________的电流，即可产生旋转磁场，从而在转子上产生__________，驱动电动机启动运转。

3. 对于单相电阻启动异步电动机，其________绕组匝数多，导线粗，近似纯电感负载；________绕组导线细，近似纯电阻负载。

4. 改变单相异步电动机转向的方法有________和________。

5. 为了使单相异步电动机接入电源后能产生启动转矩而自行启动运转，通常在单相异步电动机的定子铁芯上嵌放空间位置上相差________电角度的两套绕组，一套为________，另一套为________。

二、判断题

1. 在单相异步电动机的单相绕组中通入单相交流电流时，在定子中可以产生旋转磁场，并在静止的转子上产生转动力矩。（　　）

2. 气隙磁场为脉动磁场的单相异步电动机能自行启动。（　　）

3. 改变电容器的接法来改变电动机的转向的原理是把电容器从一组绕组换接到另一组绕组，让流过该绕组中的电流从原来的超前 90°变为滞后 90°，从而使电动机反转。（　　）

三、简答题

1. 简述单相异步电动机的工作原理。

2. 单相异步电动机运行过程中出现过热现象，可能的原因有哪些？

第 3 节　常用低压电器

在实际工作工程中，往往需要通过控制线路使电动机在各种不同的工作状态下运行，电动机的基本控制线路是用导线将电器通过一定的方式连接组成。

所谓电器就是一种能根据外界的信号和要求，手动或自动地接通或断开电路，实现对电路或非电对象的切换、控制、保护、检测和调节的元件或设备。

根据工作电压的高低，电器可分为高压电器和低压电器。工作在交流额定电压

1 200 V 及以下、直流额定电压 1 500 V 及以下的电器称为低压电器。在电动机控制线路中使用的主要是低压电器。常见的低压电器如图 4–18 所示。

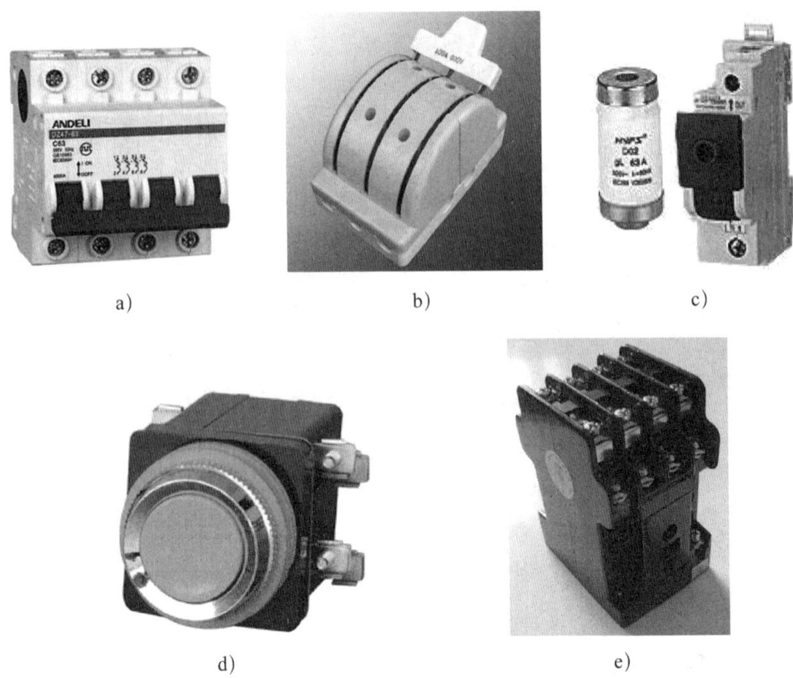

图 4–18 常见的低压电器

a）低压断路器 b）开启式负荷开关 c）低压熔断器 d）按钮 e）中间继电器

低压电器的种类繁多，分类方法也很多，常见的分类方法见表 4–7。

表 4–7 低压电器常见的分类方法

分类方法	类别	说明及用途
按低压电器的用途和所控制的对象分	低压配电电器	包括低压开关、低压熔断器等，主要用于低压配电系统及动力设备中
	低压控制电器	包括接触器、继电器、电磁铁等，主要用于电力拖动与自动控制系统中
按低压电器的动作方式分	自动切换电器	依靠电器本身参数的变化或外来信号的作用，自动完成接通或分断等动作的电器，如接触器、继电器等
	非自动切换电器	主要依靠外力（如手控）直接操作来进行切换的电器，如按钮、低压开关等
按低压电器的执行机构分	有触点电器	具有可分离的动触点和静触点，利用触点的接触和分离实现电路的接通和断开控制，如接触器、继电器等
	无触点电器	没有可分离的触点，主要利用半导体元器件的开关效应来实现电路的通断控制，如接近开关、固态继电器等

一、低压开关

低压开关一般为非自动切换电器，主要作为隔离、转换、接通和分断电路用，常用作机床电路的电源开关和局部照明电路的控制开关，有时也可用来直接控制小容量电动机的启动、停止和正反转。常用的低压开关有低压断路器、负荷开关和组合开关等。

1. 低压断路器

（1）低压断路器的功能。低压断路器又叫自动空气开关，简称断路器，集控制和多种保护功能于一体。在正常工作时，可作为电源开关不频繁地接通和分断电路；当电路中发生短路、过载和失压等故障时，能自动跳闸切断故障电路，保护线路和电气设备。如图 4–19 所示为常用的低压断路器。

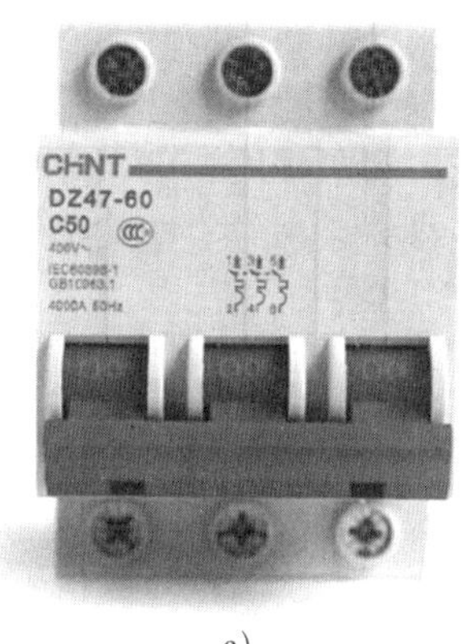

a)

b)

图 4–19　常用的低压断路器

a）DZ47 系列小型低压断路器　b）DZ5 系列塑壳式断路器

低压断路器有三对主触头，使用时串联在被控制的三相电路中。按下“合”时电路接通，按下“分”时电路切断。当电路出现短路、过载、欠压和失压保护故障时，可自动跳闸切断电路。

低压断路器的保护装置一般有热脱扣器、电磁脱扣器和欠压脱扣器三种。热脱扣器用作过载保护、电磁脱扣器用作短路保护、欠压脱扣器用作失压和欠压保护。具有欠压脱扣器的断路器，在欠压脱扣器两端无电压或电压过低时，不能合闸接通电路。

（2）低压断路器的分类与符号。低压断路器按结构形式可分为塑壳式、万能式、限流式、直流快速式、灭磁式、漏电保护式；按操作方式可分为人力操作式、动力操作式、储能操作式；按极数可分为单极式、二极式、三极式、四极式；按安装方式可分为固定式、插入式、抽屉式；按断路器在电路中的用途可分为配电用断路器、电动机保护用断路器、其他负载用断路器。

低压断路器的符号和字母代码如图 4–20 所示。

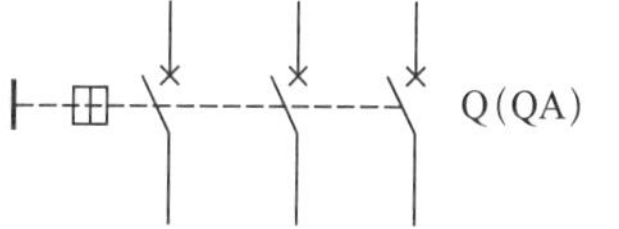

图 4–20　低压断路器的符号和字母代码

2. 负荷开关

负荷开关分为开启式负荷开关和封闭式负荷开关两种。

（1）开启式负荷开关。如图 4-21 所示为生产中常用的 HK 系列开启式负荷开关，又称为瓷底胶盖刀开关，简称刀开关。它结构简单，价格便宜，适用于频率为交流 50 Hz、额定电压为单相 220 V 或三相 380 V、额定电流为 10 ~ 100 A 的照明、电热设备及小容量电动机控制线路中，供手动不频繁地接通和分断电路，并起短路保护作用。

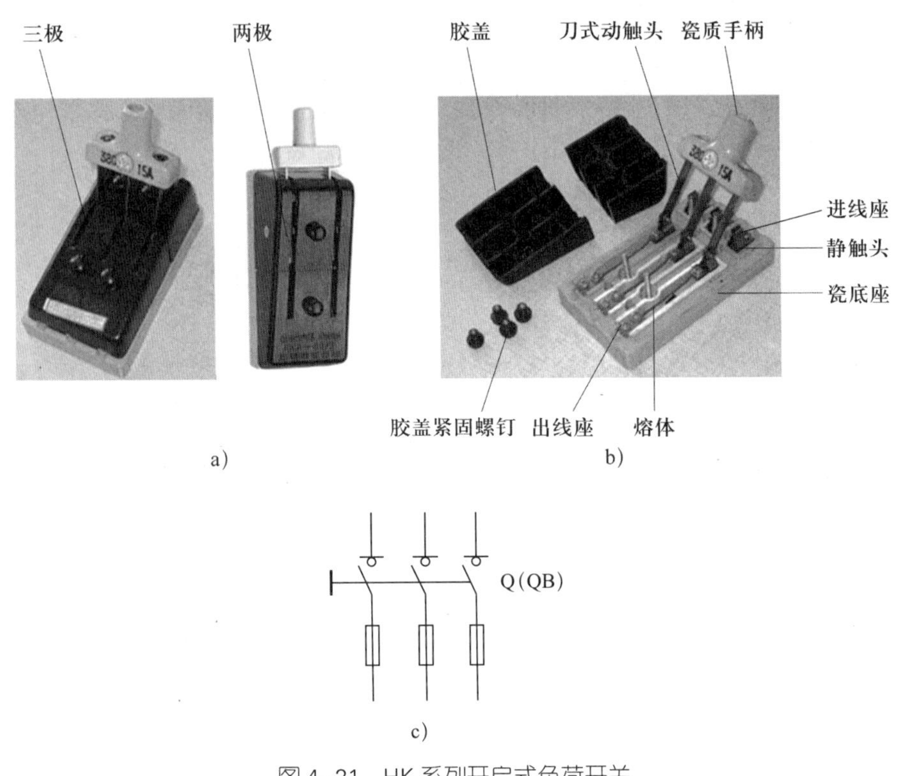

图 4-21　HK 系列开启式负荷开关
a）外形　b）结构　c）符号和字母代码

（2）封闭式负荷开关。封闭式负荷开关如图 4-22 所示，是在开启式负荷开关的基础上改进设计而成，因其外壳多为铸铁或用薄钢板冲压而成，故俗称铁壳开关，适用于频率为交流 50 Hz、额定工作电压为 380 V、额定工作电流 400 A 以下的电路中，用于手动不频繁地接通和分断带负载的电路及线路末端的短路保护，也可用于控制 15 kW 以下小容量交流电动机的不频繁直接启动和停止。

常用的 HH 系列封闭式负荷开关在结构上设计成侧面旋转操作式，主要由操作机构、熔断器、触头系统和铁壳组成。操作机构具有快速分断装置，开关的闭合和分断速度与操作者手动速度无关，保证了操作人员和设备的安全；触头系统全部封装在铁壳内，并带有灭弧室以保证安全；罩盖与操作机构设置了联锁装置，保证开关在合闸状态下罩盖不能开启，而当罩盖开启时又不能合闸。另外，罩盖还可以加锁，进一步确保操作安全。

封闭式负荷开关在电路图中的符号与开启式负荷开关相同。

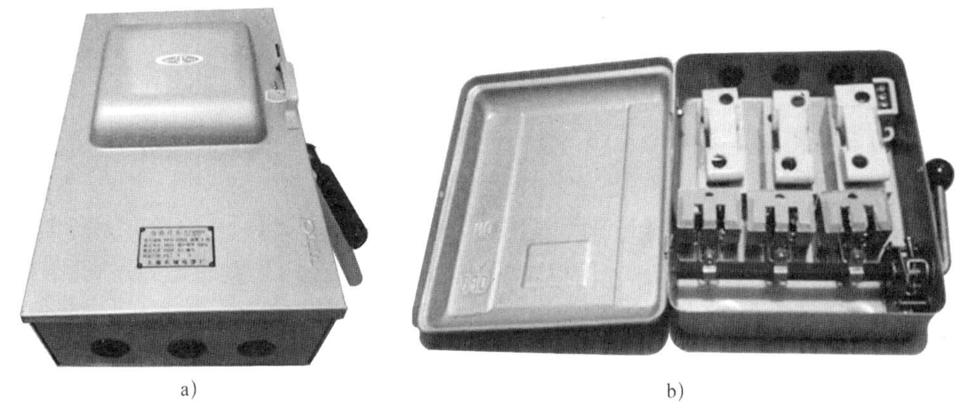

图 4–22　封闭式负荷开关

a）外形　b）内部结构

3. 组合开关

组合开关，又称为转换开关，如图 4–23 所示，其特点是体积小，触头对数多，接线方式灵活，操作方便，适用于频率为交流 50 Hz、电压 380 V 及以下，直流 220 V 及以下的电气线路中，供手动不频繁地接通和分断电路，换接电源和负载，也可以用于控制 5 kW 以下小容量电动机启动、停止和正反转。

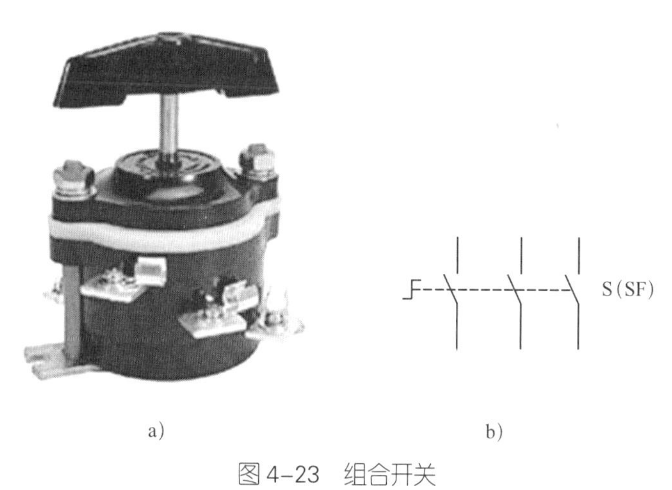

图 4–23　组合开关

a）外形　b）符号和字母代码

二、低压熔断器

1. 熔断器的功能

熔断器是低压配电网络和电力拖动系统中主要用作短路保护的电器。

使用时，熔断器应串联在被保护的电路中。正常情况下，熔断器的熔体相当于一

段导线，当电路发生短路故障时，熔体能迅速熔断从而分断电路，起到保护线路和电气设备的作用。

2. 熔断器的结构

熔断器主要由熔体、安装熔体的熔管和熔座三部分组成。

3. 熔断器的主要技术参数

（1）额定电压 U_N。熔断器长期工作所能承受的电压。

（2）额定电流 I_N。保证熔断器能长期正常工作的电流。

（3）时间 – 电流特性。熔断器的熔断时间随通过熔断器的电流的增大而减小。在规定的条件下，表征流过熔体的电流与熔体熔断时间的关系曲线，称为时间 – 电流特性，熔断器的熔断电流与熔断时间的关系见表 4–8。

表 4–8　熔断器的熔断电流与熔断时间的关系

熔断电流 I_s/A	$1.25I_N$	$1.6I_N$	$2.0I_N$	$2.5I_N$	$3.0I_N$	$4.0I_N$	$8.0I_N$	$10.0I_N$
熔断时间 t/s	∞	3 600	40	8	4.5	2.5	1	0.4

4. 常用的低压熔断器

几种常用的低压熔断器的名称、外形结构、特点和应用见表 4–9。

表 4–9　常用的低压熔断器

名称	外形结构	特点	应用
RL1 系列螺旋式熔断器		熔断管内装有石英砂、熔体和带小红点的熔断指示器，石英砂用于增强灭弧性能，熔体熔断后有明显指示	在交流额定电压 500 V、额定电流 200 A 及以下的电路中，作为短路保护器件

续表

名称	外形结构	特点	应用
RT0 系列有填料封闭管式熔断器		熔体是两片网状紫铜片，中间用锡桥连接。熔体周围填满石英砂，起灭弧作用	用于交流 380 V 及以下、短路电流较大的电力输配电系统，作为线路及电气设备的短路保护及过载保护器件
RT18 系列有填料封闭管式熔断器		由熔断器底座和圆筒帽形熔断器组成。采用国际通用的 35 mm 卡轨安装，具有体积小、分断电流大、更换熔体方便等优点	适用于交流 50 Hz、额定电流 63 A 以下的各种机床、机械设备及配电网络中，作为线路过载和短路保护器件

熔断器在电路图中的符号和字母代码如图 4–24 所示。

5. 熔断器的选用

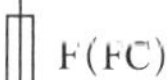

图 4–24　熔断器的符号和字母代码

（1）熔断器类型的选用。根据使用环境、负载性质和短路电流的大小选用适当类型的熔断器。如机床控制线路中，多选用 RL1 系列螺旋式熔断器；对于容量较小的照明电路，可选用 RT 系列有填料封闭管式熔断器或 RC1A 系列瓷插式熔断器。

（2）熔断器额定电压和额定电流的选用。熔断器的额定电压必须等于或大于线路的额定电压，熔断器的额定电流必须等于或大于所装熔体的额定电流。

（3）熔体额定电流的选用

1）对照明和电热等电路的短路保护，熔体的额定电流应等于或稍大于负载的额定电流。

2）对一台不经常启动且启动时间不长的电动机的短路保护，熔体的额定电流应等于或稍大于 1.5 ～ 2.5 倍电动机额定电流。

三、按钮

1. 按钮的功能

按钮是一种用人体某一部分（一般为手指或手掌）所施加的力来操作，并具有弹簧储能复位功能的控制开关。按钮的触头允许通过的电流较小，一般不超过 5 A。如图 4–25 所示为常见按钮的外形。

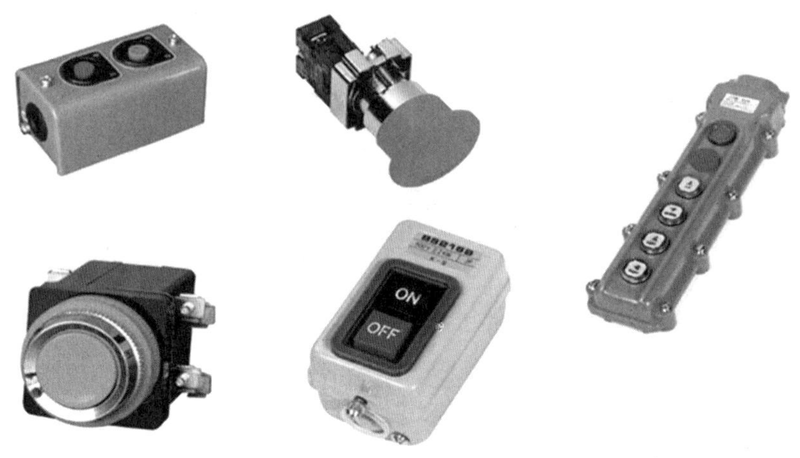

图 4–25　常见按钮的外形

为了便于识别各个按钮的作用，避免误操作，通常用不同的颜色和符号标志来区分按钮的功能。根据国家有关标准规定，按钮颜色的含义见表 4–10。

表 4–10　按钮颜色的含义

<table>
<tr><th>颜色</th><th>含义</th><th>说明</th><th>应用举例</th></tr>
<tr><td>红</td><td>紧急</td><td>危险或紧急时操作</td><td>急停</td></tr>
<tr><td>黄</td><td>异常</td><td>异常情况时操作</td><td>干预、制止异常情况
干预、重新启动中断了的自动循环</td></tr>
<tr><td>绿</td><td>安全</td><td>安全情况或正常情况下的操作</td><td>启动 / 接通</td></tr>
<tr><td>蓝</td><td>强制性的</td><td>要求强制动作情况下的操作</td><td>复位功能</td></tr>
<tr><td>白</td><td rowspan="3">未赋予特定含义</td><td rowspan="3">除急停以外的一般功能的启动</td><td>启动 / 接通（优先）
停止断开</td></tr>
<tr><td>灰</td><td>启动 / 接通
停止断开</td></tr>
<tr><td>黑</td><td>启动 / 接通
停止断开（优先）</td></tr>
</table>

2. 按钮的结构和符号

按钮的结构和符号如图 4–26 所示。

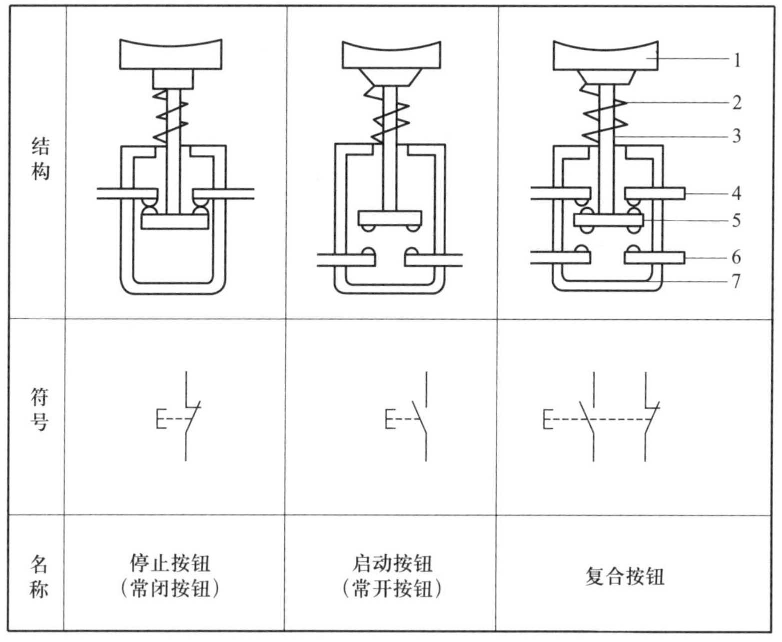

图 4–26　按钮的结构和符号

1—按钮帽　2—复位弹簧　3—支柱连杆　4—常闭静触头　5—桥式动触头　6—常开静触头　7—外壳

按钮在电路图中的字母代码是 S（SF）。

3. 按钮的触头动作顺序

启动按钮在按下按钮帽时触头闭合，松开后触头自动断开复位；停止按钮则相反；复合按钮是按下按钮帽时，桥式动触头向下运动，使常闭触头先断开后，常开触头才闭合；松开按钮帽时，常开触头先分断复位后，常闭触头再闭合复位。

知识拓展

1. 行程开关

行程开关又称限位开关，是一种利用生产机械某些运动部件的碰撞来发出控制指令的主令电器，主要用于控制生产机械的运动方向、速度、行程大小或位置，也可以对生产机械进行必要的保护。

行程开关的作用原理与按钮相同，区别在于它不是靠手指的按压使其触头动作，而是利用生产机械运动部件的碰压使其触头动作，从而将机械信号转变为电信号，使运动机械按一定的位置或行程实现自动停止、反向运动、变速运动或自动往返运动等。

机床电路中常用的行程开关有 LX19 和 JLXK1 等系列，各系列行程开关的基本结构大体相同，都由操作机构、触头系统和外壳组成，如图 4–27a 所示，行程开关在电路图中的符号和字母代码如图 4–27b 所示。

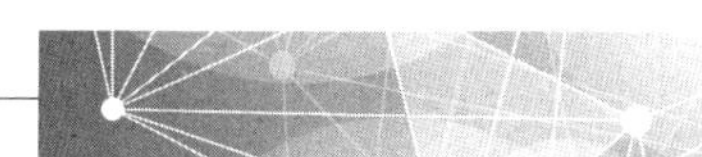

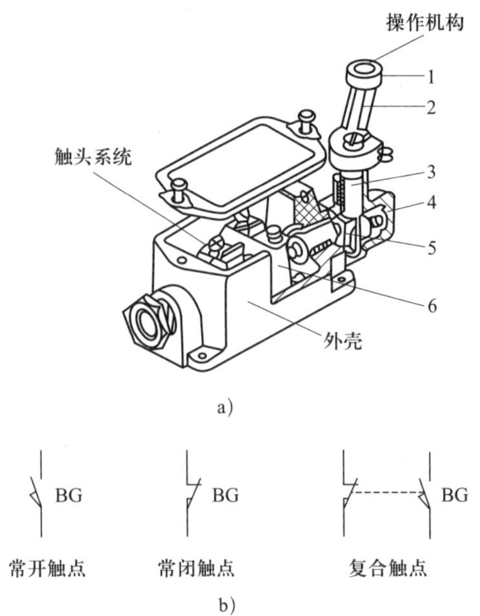

图 4–27　JLXK1 型行程开关的结构和动作原理

a）结构　b）图形符号和字母代码

1—滚轮　2—杠杆　3—转轴　4—复位弹簧　5—撞块　6—微动开关

以某种行程开关元件为基础，装置不同的操作机构，可得到各种不同形式的行程开关，常见的有按钮式（直动式）和旋转式（滚轮式）。JLXK1 系列行程开关的外形如图 4–28 所示，LX19 系列行程开关的外形与 JLXK1 系列的相似。

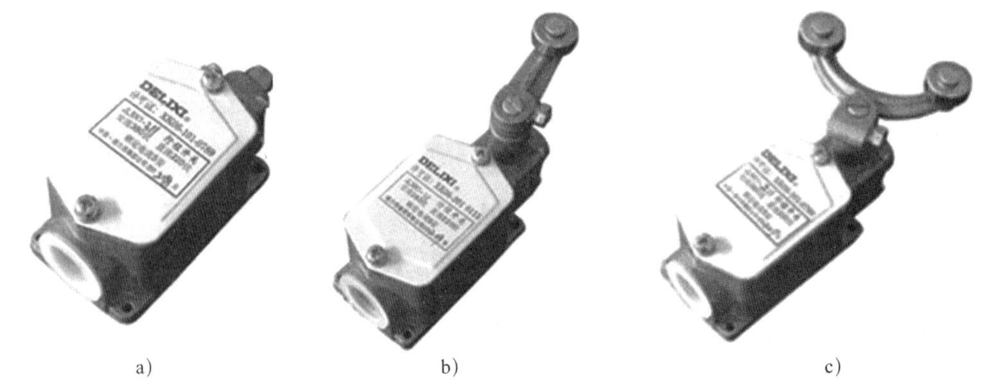

a）　b）　c）

图 4–28　JLXK1 系列行程开关

a）按钮式　b）单轮旋转式　c）双轮旋转式

行程开关的触头类型有一常开一常闭、一常开二常闭、二常开一常闭、二常开二常闭等形式。动作方式可分为瞬动式、蠕动式和交叉从动式三种。动作后的复位方式有自动复位和非自动复位两种。

2. 接近开关

行程开关是有机械触点的开关，在操作频繁时，易产生故障，工作可靠性较低。

如图 4–28 所示是接近开关，又称为无触点行程开关，是一种与运动部件无机械接触而能操作的行程开关，也可以说它是一种开关型位置传感器，既有行程开关、微动开关的特性，同时又具有传感性能，且动作可靠，性能稳定，频率响应快，使用寿命长，抗干扰能力强，并具有防水、抗振、耐腐蚀等特点，故应用越来越广泛。

接近开关的产品有电感式、电容式、霍尔式等，外形有圆柱型、方型、普通型、分离型、槽型等。接近开关除行程控制和限位保护外，还可检测金属体、高速计数、测速、定位、变换运动方向、检测零件尺寸、液面控制及用作无触点按钮等。接近开关的图形符号如图 4–29b 所示，字母代码是 B（BG）。

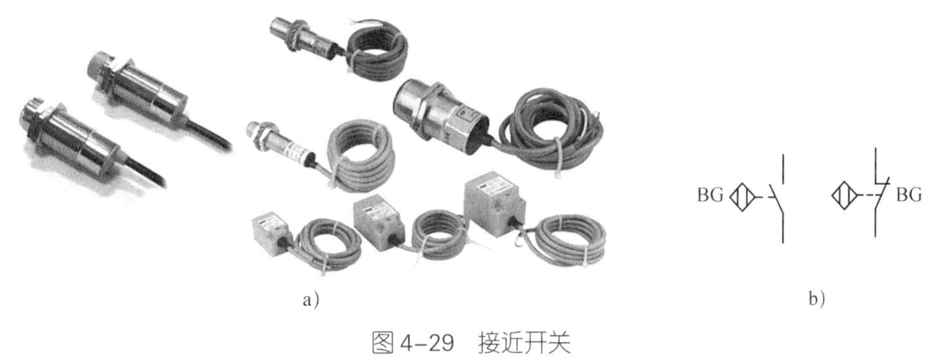

图 4–29 接近开关

a）外形 b）图形符号和字母代码

四、交流接触器

交流接触器是一种自动的电磁式开关，其触头的通断不是由手动来控制，而是电动操作，适用于远距离的频繁接通和断开交、直流主电路及大容量的控制电路。交流接触器具有欠电压和失压自动释放保护功能，控制容量大，工作可靠，操作频率高，使用寿命长，因此在电力拖动和自动控制系统中得到广泛应用。

几种常见的交流接触器的外形如图 4–30 所示。

图 4–30 交流接触器的外形

1. 交流接触器的结构

交流接触器主要由电磁系统、触头系统、灭弧装置和辅助部件等组成，以 CJ10–20 型交流接触器为例，其结构如图 4–31 所示。

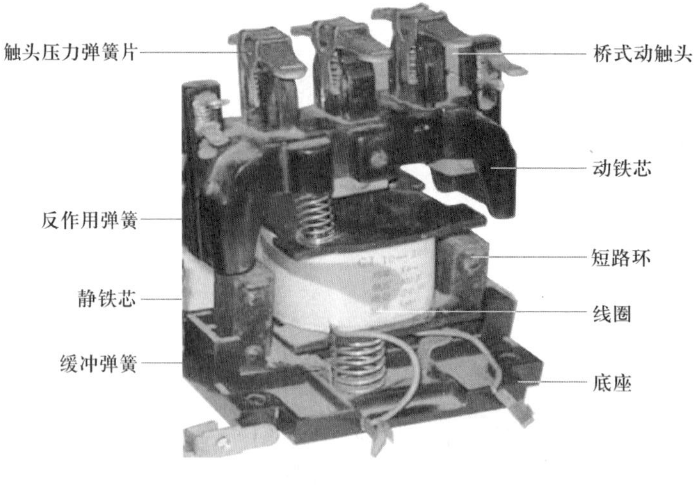

a）

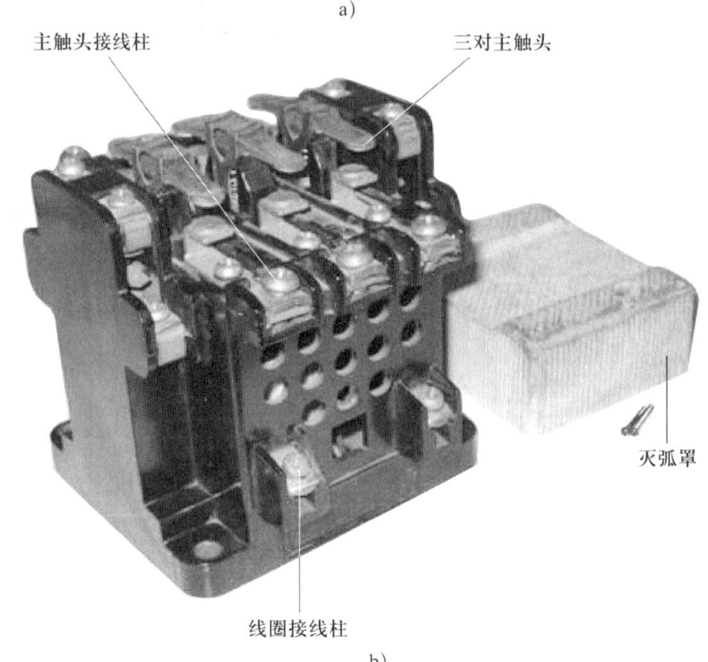

b）

图 4–31　CJ10–20 型交流接触器的结构

a）电磁系统及辅助部件　b）触头系统和灭弧罩

2. 交流接触器的符号

交流接触器在电路中的符号如图 4–32 所示。

图 4–32　交流接触器的符号

a）线圈　b）主触头　c）辅助常开触头　d）辅助常闭触头

交流接触器在电路图中的字母代码是 Q（QA）。

3. 交流接触器的工作原理

交流接触器的工作原理如下。

（1）接触器线圈通电→静铁芯磁化产生足够大的电磁吸力→克服反作用弹簧的反作用力将衔铁吸合→衔铁带动触头动作（辅助常闭触头先断开，三对常开主触头和辅助常开触头后闭合）。

（2）接触器线圈断电→铁芯的电磁吸力消失→衔铁在反作用弹簧的作用下复位并带动各触头恢复常态。

五、热继电器

如果电动机长时间工作在过载或缺相状态，会引起温度升高而损坏电动机，因此，通常需在控制电路中增设热继电器以实现过载保护和缺相保护。热继电器是利用流过继电器的电流所产生的热效应而使其触头动作的自动保护电器，其延时动作时间随电流的增加而减少。几种常用的热继电器如图 4–33 所示。

图 4–33 常用的热继电器

a）JR20 系列热继电器 b）JR36 系列热继电器 c）T 系列热继电器

热继电器的形式有很多种，其中以双金属片式应用最多。双金属片式热继电器主要由热元件、传动机构、常闭触头、电流整定装置和复位按钮组成。

使用时，将热元件串联在主电路中，常闭触头串联在控制电路中。当电动机过载或缺相时，热元件受热发生弯曲，通过传动机构推动常闭触头断开，分断控制电路，再通过接触器切断主电路，实现对电动机的过载和缺相保护。故障排除后，按下复位按钮，使热继电器触点复位，可以重新接通控制电路。热继电器不能瞬时动作，因此不能用于电动机的短路保护。

热继电器动作电流的大小可通过旋转电流整定旋钮来调节。

热继电器的符号如图 4–34 所示。

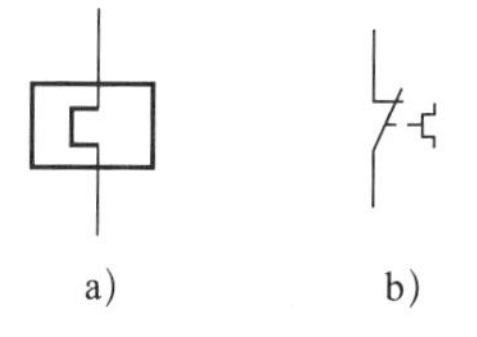

图 4–34 热继电器的符号

a）热元件 b）常闭触头

热继电器在电路图中的字母代码是 F（FC）。

六、时间继电器

时间继电器是一种在线圈通电或断电后，其触头经过预先设定好的时间才动作的一种控制电器，广泛用于需要按时间顺序进行控制的电气控制电路中。

时间继电器的种类很多，常用的主要有电磁式、电动式、空气阻尼式、晶体管式等类型，如图 4–35 所示是几种时间继电器的外形图。晶体管式时间继电器也称为半导体时间继电器或电子式时间继电器，具有机械结构简单、延时范围宽、整定精度高、体积小、耐冲击、抗振动、消耗功率小、调整方便及使用寿命长等优点，所以得到广泛应用，已成为时间继电器的主流产品。

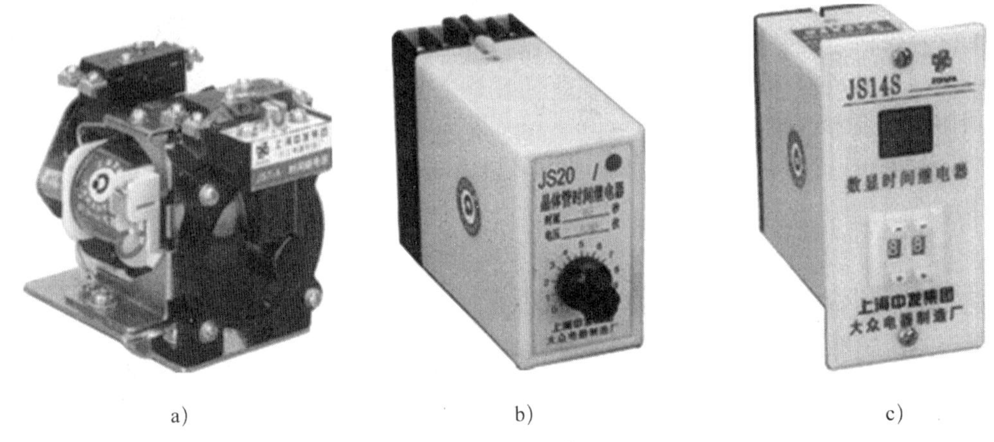

a）　　b）　　c）

图 4–35　时间继电器的外形图

a）JS7–A 系列空气阻尼式　b）JS20 系列晶体管式　c）JS14S 系列数显式

根据触头延时的特点，时间继电器可分为通电延时动作型和断电延时复位型两种。

时间继电器在电路中的符号如图 4–36 所示。

时间继电器在电路图中的字母代码是 K（KF）。

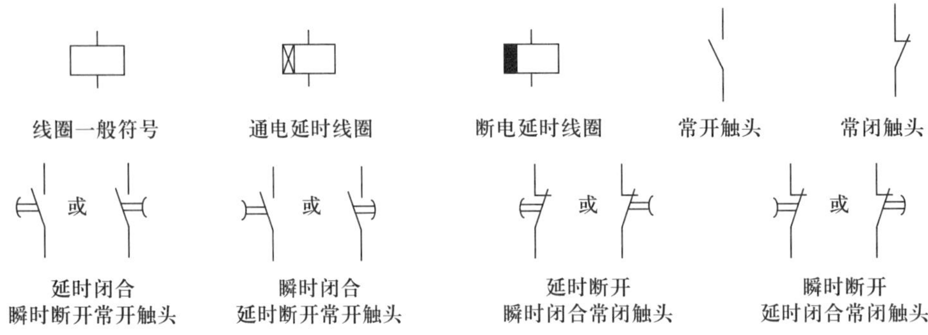

图 4–36　时间继电器在电路中的符号

思考与练习

一、填空题

1. 熔断器在使用时应__________在被保护的电路中。正常情况下，熔断器的熔体相当于__________；而当电路发生__________故障时，熔体能迅速__________，分断电路，起到保护线路和电气设备的作用。

2. 热继电器可实现__________，使用时，将__________串联在主电路中，__________串联在控制电路中。

3. 交流接触器主要由____________、____________、____________和__________等部分组成。

二、判断题

1. 熔断器主要用作短路和过载保护。（　　）

2. 接触器是一种自动的电磁式开关，具有欠电压和失压自动释放保护功能。（　　）

三、简答题

1. 简述低压断路器的作用。

2. 简述交流接触器的工作原理。

3. 画出时间继电器延时闭合、瞬时断开的常开触头的符号。

第 4 节　三相笼型异步电动机正转控制线路

在生产实践中，需要根据生产机械的工作性质和加工工艺的不同控制电动机的运行，正转运行是最常见的运行方式，如电动机拖动水泵、风机等负载，往往只需要电动机正转运行。正转控制线路只能控制电动机单向启动和停止，带动生产机械的运动部件朝一个方向旋转或运动。三相笼型异步电动机的正转控制有多种实现方式，既可以采用手动方式控制，也可以使用继电接触器进行控制。

一、手动正转控制线路

手动正转控制线路是通过低压开关来控制电动机单向启动和停止的，在工厂中常被用来控制三相电风扇和砂轮机等设备。

如图 4–37a 所示是用低压断路器控制的手动正转控制线路。需要电动机正转运行

时，向上扳动低压断路器的手柄，电动机启动正转；向下扳动低压断路器的手柄，电动机停止运行。当线路出现短路故障时，断路器还会自动跳闸断开电路，起到短路保护作用。

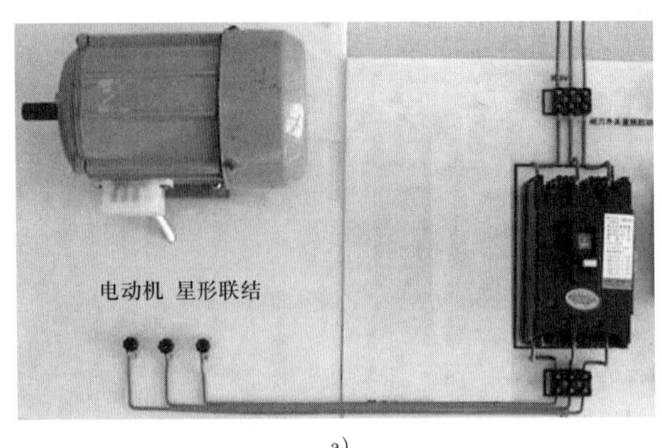

a）

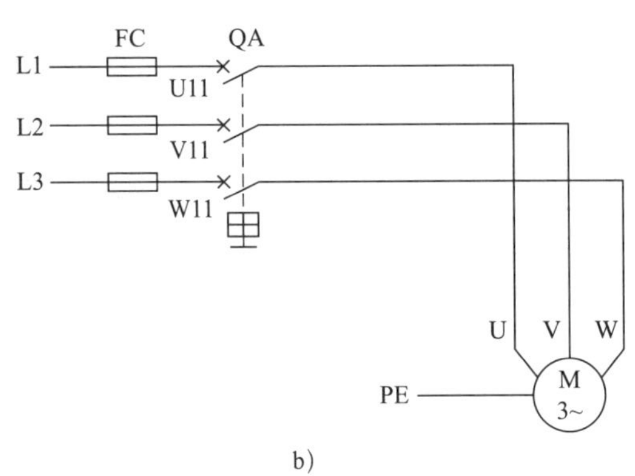

b）

图 4–37 用低压断路器控制的手动正转控制线路

a）配电盘 b）电路图

手动正转控制线路非常简单，电动机的控制和保护都是由低压断路器来实现的，所用电器元件少。尽管如此，若把控制线路中使用的电气装置和器件的实际图形都画出来，也将非常麻烦。因此人们就把这些电气装置和器件用电气图形符号表示出来，并在它们的旁边标注电器的字母代码，画出电路图来分析它们的作用、线路的构成和工作原理等。

如图 4–36b 所示是用低压断路器控制的手动正转控制线路的电路图。手动正转控制线路是由三相电源 L1、L2、L3、熔断器 FC、低压断路器 QA 和三相交流异步电动机 M 构成的。低压断路器集控制、保护功能于一身，电流从三相电源经熔断器、低压断路器流入电动机，电动机则带动运动部件运转。

电气图形符号和字母代码采用的是国家标准所规定的符号，这些符号是电气工程技术的通用技术语言。国家标准没有对图形符号的绘制尺寸作统一规定，绘图时可按实际情况以便于理解的尺寸进行绘制，图形符号一般呈水平或垂直布置。

在电气图中，导线、电缆线、信号通路及元器件、设备的引线均称为连接线。绘制电气图时，连接线一般应采用实线，无线电信号通路采用虚线，并且应尽量减少不必要的连接线，避免线条交叉和弯折。有直接电联系的交叉导线的连接点，要用小黑圆点表示；无直接电联系的交叉跨越导线则不画小黑圆点，如图 4–38 所示。

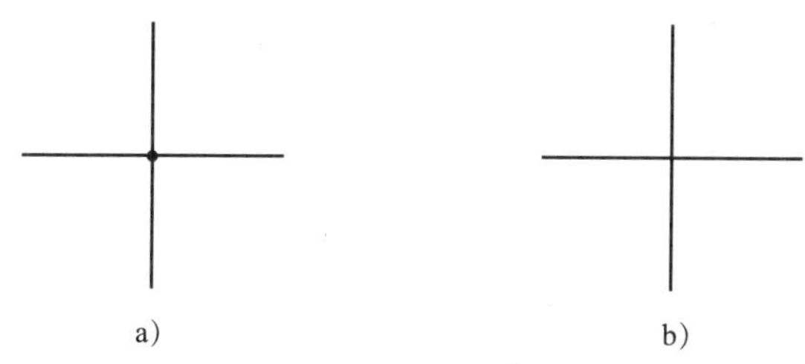

图 4–38　连接线的交叉连接与交叉跨越

a）交叉连接　b）交叉跨越

由图 4–36b 所示的电路图可以看出，电源电路用细实线画成水平线，表示三相交流电源的相序符号 L1、L2、L3 自上而下依次标在电源线的左端。电能由三相交流电源引入控制线路。流过电动机的是工作电流，电流较大，称为主电路，一般垂直电源电路画出。

在分析各种控制线路的工作原理时，常用电器文字符号和箭头，再配以少量的文字说明来表示，使叙述比较简洁。手动正转控制线路工作原理如下。

启动：合上断路器 QA →电动机 M 接通电源启动运转。

停止：断开断路器 QA →电动机 M 脱离电源停止运转。

二、点动正转控制线路

手动控制线路结构简单，使用设备少，但工作强度大，安全性差，受控电动机功率小，而且无法实现频繁通断、远距离控制和自动控制的功能。在生产实际应用中，多是利用按钮、继电器、接触器、断路器等电器元件组成的继电接触器控制电路，来实现电动机的运行控制。

如图 4–39 所示是 CA6140 型车床，操作人员只要按下按钮，刀架就快速移动；松开按钮，刀架立即停止移动。车床刀架移动控制采用的是一种点动控制线路，通过按钮和接触器实现线路自动控制。

如图 4–40 所示是点动正转控制线路，它是用按钮、接触器来控制电动机运转的最简单的正转控制线路。所谓点动控制，就是按下按钮，电动机就得电运转；松开按钮，电动机就失电停转的控制方法。

三相交流电源 L1、L2、L3 与低压断路器 QA1 组成电源电路；熔断器 FC1、接触器 QA2 主触头和三相笼型异步电动机 M 构成主电路；由熔断器 FC2、启动按钮 SF 和接触器 QA2 的线圈组成的电路称为控制电路。显然，合上低压断路器 QA1，电动机 M 并不能得电启动运转，只有再按下启动按钮 SF，使接触器 QA2 线圈通电，QA2 主触

图 4-39　CA6140 型车床

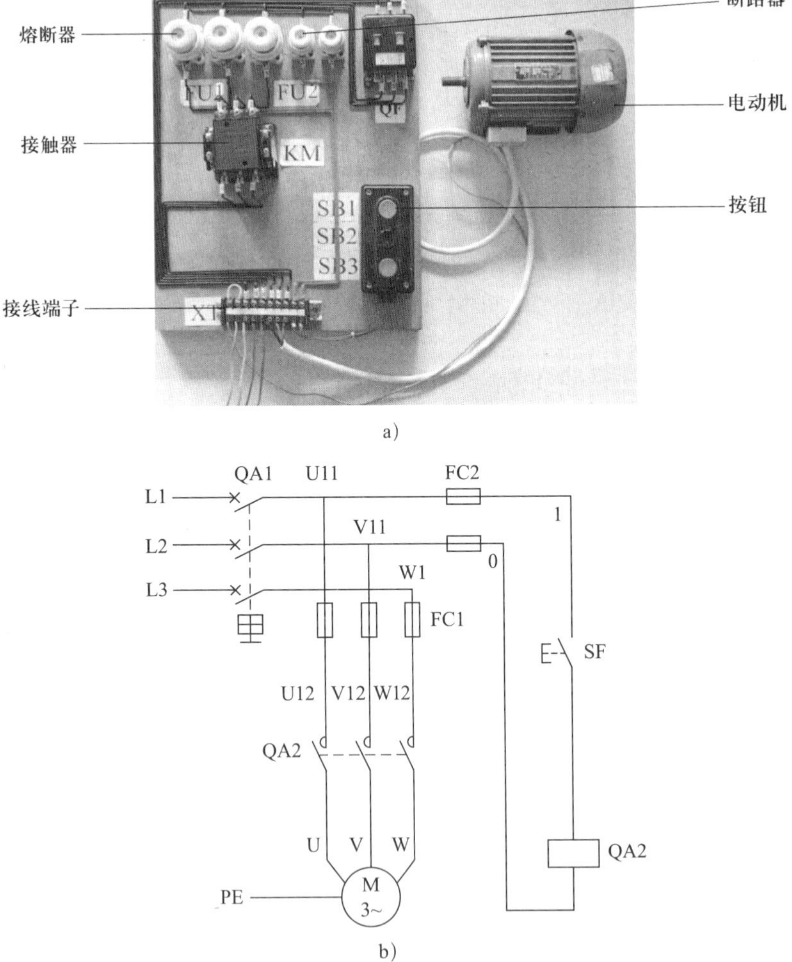

a)

b)

图 4-40　点动正转控制线路

a）配电盘　b）电路图

头闭合，才能使电动机 M 得电启动运转。若松开 SF，QA2 线圈失电，其主触头断开复位，电动机失电停转。可见，电动机的运转不再由低压断路器手动直接控制，而是由按钮、接触器配合实现自动控制。

在控制线路中，低压断路器 QA1 作电源隔离开关；熔断器 FC1、FC2 分别作主电路、控制电路的短路保护；启动按钮 SF 控制接触器 QA2 的线圈得电与失电；接触器 QA2 的主触头控制电动机 M 的启动和停止。

点动正转控制线路的工作原理可叙述如下。

先合上电源开关 QA1。

启动：按下 SF → QA2 线圈得电→ QA2 主触头闭合→电动机 M 启动运转。

停止：松开 SF → QA2 线圈失电→ QA2 主触头分断→电动机 M 失电停转。

停止使用时，断开电源开关 QA1。

知识拓展

绘制和识读电路图的原则

电路图是根据生产机械运动形式对电气控制系统的要求，采用国家统一规定的电气图形符号和字母代码，按照电气设备和电器的工作顺序排列，详细表示电路、设备或成套装置的全部基本组成和连接关系，但不涉及电器元件的结构尺寸、材料选用、安装位置和实际配线方法的一种简图。

电路图能充分表达电气设备和电器的用途、作用和线路的工作原理，是电气线路安装、调试和维修的理论依据。

绘制、识读电路图应遵循以下原则。

1. 电路图一般分电源电路、主电路和辅助电路三部分绘制。

（1）电源电路一般画成水平线，三相交流电源相序 L1、L2、L3 自上而下依次画出，若有中线 N 和保护地线 PE，则依次画在相线之下。直流电源的“+”端在上、“–”端在下画出。电源开关要水平画出。

（2）主电路是指受电的动力装置及控制、保护电器的回路，是电源向负载提供电能的电路，由主熔断器、接触器的主触头、热继电器的热元件以及电动机等组成。主电路通过的是电动机的工作电流，电流比较大，因此一般在图纸上用粗实线垂直于电源电路绘于电路图的左侧。

（3）辅助电路一般包括控制主电路工作状态的控制电路、显示主电路工作状态的指示电路、提供机床设备局部照明的照明电路等，一般由主令电器的触头、接触器的线圈及辅助触头、继电器的线圈及触头、仪表、指示灯和照明灯等组成。通常情况下，辅助电路通过的电流较小，一般不超过 5 A。

为读图方便，一般应按照自左至右、自上而下的排列来表示操作顺序。辅助电路要跨接在两相电源之间，一般按照控制电路、指示电路和照明电路的顺序，用实线依

次垂直画在主电路的右侧，并且耗能元件（如接触器和继电器的线圈、指示灯、照明灯等）要画在电路图的下方，与下侧电源线相连，而电器的触头要画在耗能元件与上侧电源线之间。

2. 电路图中，电器元件不画实际的外形图，而是采用国家统一规定的电气图形符号表示。

（1）同一电器的各元件不按其实际位置画在一起，而是按其在线路中所起的作用分画在不同的电路中，但它们的动作是相互关联的，必须用同一字母代码标注。

（2）若同一电路图中相同的电器较多，需要在电器元件字母代码后面加注不同的数字以示区别。

（3）各电器的触头位置应按电路未通电或电器未受外力作用时的常态位置画出，分析原理时应从触头的常态位置出发。

3. 电路图采用电路编号法，即对电路中的各个接点用字母或数字编号。

（1）主电路在电源开关的出线端按相序依次编号为U11、V11、W11，然后按从上至下、从左至右的顺序，每经过一个电器元件后，编号要递增，如U12、V12、W12；U13、V13、W13等。单台三相交流电动机（或设备）的三根引出线，按相序依次编号为U、V、W。对于多台电动机引出线的编号，为了不致引起误解和混淆，可在字母前用不同的数字加以区别，如1U、1V、1W；2U、2V、2W等。

（2）辅助电路编号依据“等电位”原则，按从上至下、从左至右的顺序用数字依次编号，每经过一个电器元件后，编号要依次递增。控制电路编号的起始数字必须是1，其他辅助电路编号的起始数字依次递增100，如照明电路编号从101开始，指示电路编号从201开始等。

三、接触器自锁正转控制线路

在实际工作中，往往需要电动机能连续运转，如车床的主轴、钻床的钻头等，它们需要的控制是：按下启动按钮，电动机启动连续运行；按下停止按钮，电动机停止运行。上述功能可以通过在点动控制线路中增加接触器自锁环节来实现。

接触器自锁正转控制线路如图4–41所示。与点动控制线路（见图4–40）相比，该线路在启动按钮SF1旁并联了一个接触器QA2的辅助常开触点，并在控制回路中串联了一只停止按钮SF2。

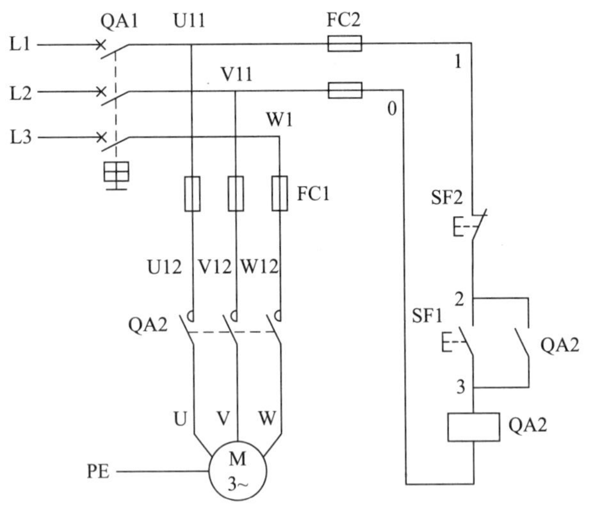

图4–41　接触器自锁正转控制线路

线路的工作原理如下。

先合上电源开关 QA1。

启动：按下SF1 → QA2线圈得电 → QA2主触头闭合 / QA2辅助常开触头闭合 → 电动机M启动连续运转。

停止：按下SF2 → QA2线圈失电 → QA2主触头分断 / QA2辅助常开触头分断 → 电动机M失电停转。

由以上分析可知，松开启动按钮 SF1 后，SF1 的常开触头虽然恢复分断，但接触器 QA2 的辅助常开触头闭合时已将 SF1 短接，使控制线路仍保持接通，接触器 QA2 继续得电，电动机 M 实现了连续运转。

这种当松开启动按钮后，接触器通过自身的辅助常开触头使其线圈保持得电的作用叫作自锁，与启动按钮并联起自锁作用的辅助常开触头叫作自锁触头，此控制线路叫作接触器自锁控制线路。

在按下停止按钮 SF2 切断控制电路时，接触器 QA2 失电，其自锁触头分断解除自锁，而这时 SF1 也是分断的，所以松开 SF2，使其常闭触头恢复闭合后，接触器也不会自行得电，电动机也就不会自行重新启动运转。

接触器自锁控制线路不但能使电动机连续运转，而且具有欠压和失压（或零压）保护作用。当线路电压下降到一定值时，接触器线圈两端的电压也同样下降到此值，使接触器线圈磁通减弱，产生的电磁吸力减小。当电磁吸力减小到小于反作用弹簧的拉力时，动铁芯被迫释放，主触头和自锁触头同时分断，自动切断主电路和控制电路，电动机失电停转，起到了欠压保护的作用。

失压保护是指电动机正常运行中，由于外界某种原因引起突然断电时，能自动切断电动机电源；当重新供电时，保证电动机不会自行启动。接触器自锁控制线路也可实现失压保护，因为接触器自锁触头和主触头在电源断电时已经分断，使控制电路和主电路都不能接通，所以在电源恢复供电时，电动机就不会自行启动运转，保证了人身和设备的安全。

四、具有过载保护的接触器自锁正转控制线路

接触器自锁的正转控制线路中，电动机要长时间运行，为防止电动机出现过载时烧毁，需要对电动机采取过载保护措施。

具有过载保护的接触器自锁正转控制线路如图 4-42 所示，它是在接触器自锁正转控制线路（见图 4-41）的基础上，增加了一只热继电器 FC3 构成的。

若电动机在运行过程中，由于过载或其他原因使电动机定子绕组的电流超过额定值，那么经过一段时间后，串接在主电路中的热元件会因受热发生弯曲，通过传动机构使串接在控制电路中的热继电器 FC3 常闭触头分断，切断控制电路，于是接触器线圈失电，其主触头和辅助触头分断，电动机也随之失电停转，达到过载保护的目的。

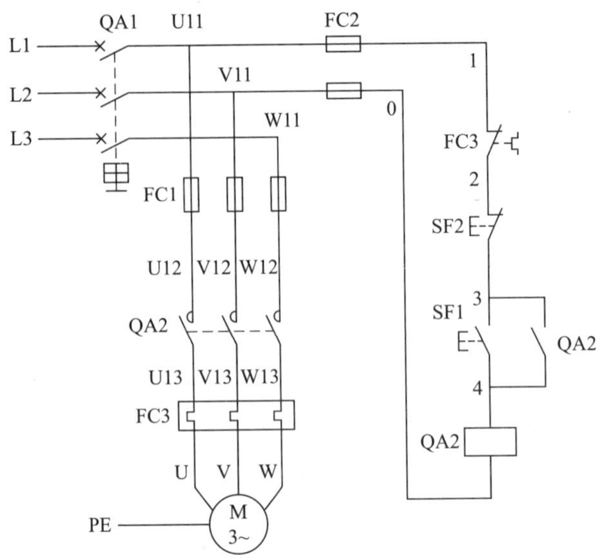

图 4-42　具有过载保护的接触器自锁正转控制线路

在三相笼型异步电动机控制线路中，熔断器只能用作短路保护，这是因为三相笼型异步电动机的启动电流很大（全压启动时的启动电流能达到额定电流的 4 ~ 7 倍），若用熔断器作过载保护，则熔断器的额定电流就应等于或稍大于电动机的额定电流，这样电动机在启动时，启动电流就会大大超过熔断器的额定电流，使熔断器在很短的时间内熔断，电动机无法启动。因此，熔断器只能作短路保护，熔体额定电流应取电动机额定电流的 1.5 ~ 2.5 倍。

在三相笼型异步电动机控制线路中，热继电器只能作过载保护，不能用作短路保护，这是因为热继电器的热惯性大，即热继电器的双金属片受热膨胀弯曲需要一定时间。当电动机发生短路时，由于短路电流很大，热继电器还没来得及动作，供电线路和电源设备就可能已经损坏；而在电动机启动时，由于启动时间很短，热继电器还未动作，电动机已启动完毕。

综上所述，热继电器和熔断器两者所起的作用不同，不能相互代替使用。

思考与练习

一、填空题

1. 手动控制线路________，使用设备少，但工作强度大，安全性差，受控电动机功率小，而且无法实现频繁通断、________控制和________的功能。

2. 接触器自锁控制线路不但能使电动机连续运转，而且具有________和________保护作用。

3. 在三相笼型异步电动机的控制线路中，熔断器作__________保护，热继电器作__________保护。

二、判断题

1. 在电路图中，同一电器的各元件必须按实际位置画在一起。 （ ）

2. 三相异步电动机控制线路中，熔断器主要用作短路和过载保护。 （ ）

3. 电路图中，各触头均表示常态。 （ ）

三、简答题

1. 什么是点动控制?

2. 什么是自锁? 请画出接触器自锁正转控制线路图。

3. 什么是过载保护? 为什么要进行过载保护?

常用电子元件和简单电子线路

目前，随着科技的发展进步，电气设备越来越多地应用到电子技术中。作为电工，了解常见的电子元件，掌握基本的电子技术是非常必要的。

第 1 节　常用电子元件

一、电阻器

电阻器的常用参数如图 5–1 所示，参数的说明见表 5–1。

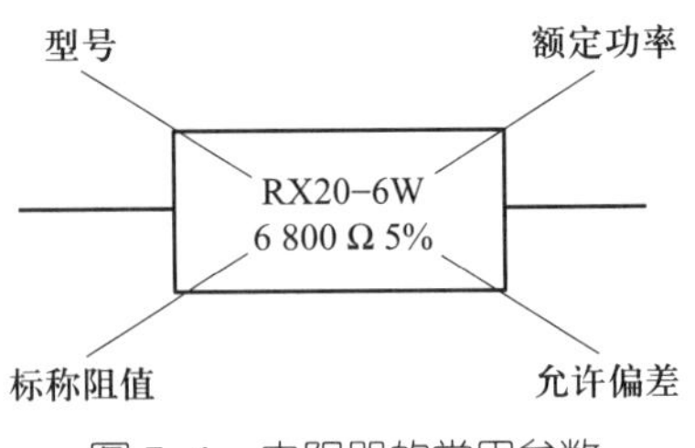

图 5–1　电阻器的常用参数

二、电容器

1. 电容器的外形与符号

电容器是一种能储存电能的元件，在电路中作隔直流、旁路、耦合、调谐等用。

电容器按结构一般可分为固定电容器和可变电容器两大类。常用电容器的外形与符号见表 5-2。

表 5-1　电阻器的参数说明

参数	说明
型号	RX20 表示本电阻器为线绕电阻器，常用的电阻器型号还有 RT 碳膜电阻器、RJ 金属膜电阻器、RH 合成膜电阻器
标称阻值	标称阻值是电阻器表面所标的阻值，6 800 Ω 表示本电阻器的标称阻值为 6 800 Ω。这种将电阻器的标称阻值直接用数字和单位标注在电阻器表面的方法称为直标法，常用的标注方法还有文字符号法和数码法 小功率的电阻器多采用色标法进行标注
允许偏差	电阻器的实际阻值对于标称阻值的最大允许偏差范围，称为电阻器的允许偏差，它表明电阻器产品的精度高低。本电阻器的允许偏差为 5%
额定功率	额定功率是指电阻器长期安全使用所允许承受的最大功率。本电阻器的额定功率为 6 W

表 5-2　常用电容器的外形与符号

种类	名称	实物图	图形符号	说明
固定电容器	高频陶瓷电容器 CC			主要用在容量值固定不需要变动的电路中 其中高频陶瓷电容器、涤纶薄膜电容器容量较小，多用于高频电路；电解电容器容量较大，多用于低频电路 使用电解电容器时需要注意引脚极性，较长的为正极，较短的为负极
	涤纶薄膜电容器 CL			
	电解电容器 CD			
可变电容器	可变电容器			主要用在容量需要变动的电路中，如调谐回路

2. 电容器的参数

电容器的常用参数如图 5–2 所示，参数的说明见表 5–3。

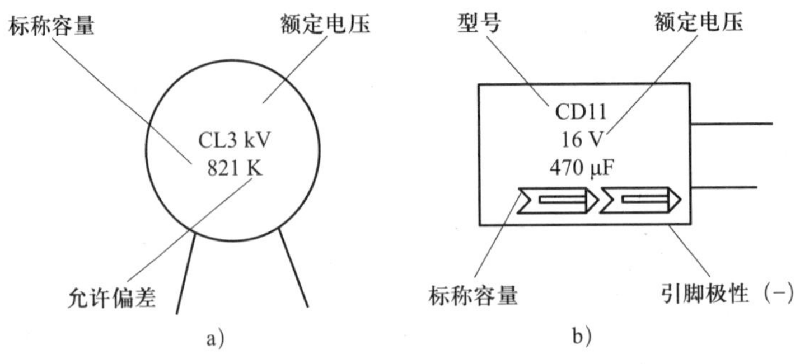

图 5–2　电容器的常用参数

表 5–3　电容器的参数说明

参数	说明
型号	CL 表示涤纶薄膜电容器，CD 表示铝电容器。常用的电容器型号还有 CC 高频陶瓷电容器、CT 低频陶瓷电容器、CZ 纸介电容器
标称容量	470 μF 表示本电容器的标称容量为 470 μF。这种将电容器的标称容量直接用数字和单位标注在电容器表面的方法称为直标法 821（即 82×10^{1}）表示 820 pF，即用三位数码来表示容量，前两位表示有效数字，第三位为倍乘数，单位是 pF，这种标注方法称为数码法 电容器和电阻器一样也可采用色标法进行标注
允许偏差	“K”表示本电容器的允许偏差为 10%
额定电压	额定电压是指电容器在线路中能够长期可靠地工作而不被击穿时所能够承受的最大直流电压（又称耐压）。本电容器的额定直流工作电压为 3 kV

注：电解电容器还应该注意识别其引脚极性，在电路中正极接高电位，负极接低电位。

3. 电容器的检测

电容器常见的故障有短路、断路、漏电和失效等。对电容器进行检测时，可首先通过直观检测法观察电容器外观是否有爆裂、鼓起等现象，然后使用万用表对电容器进行检测，并判断其性能的好坏。具体检测方法见表 5–4。

三、电感器

1. 电感器的外形与符号

凡能产生自感、互感作用的器件均称为电感器。电感器一般可分为电感线圈和变压器两大类。常用电感器的外形与符号见表 5–5。

表 5-4　电容器的检测方法

检测步骤	图示	判断说明
电容器放电		使电容器两引脚短接，对电容器进行放电，确保数字万用表的安全。对于小容量电容器，可直接短接放电；对于容量较大的电容器，可通过负载进行放电
挡位选择	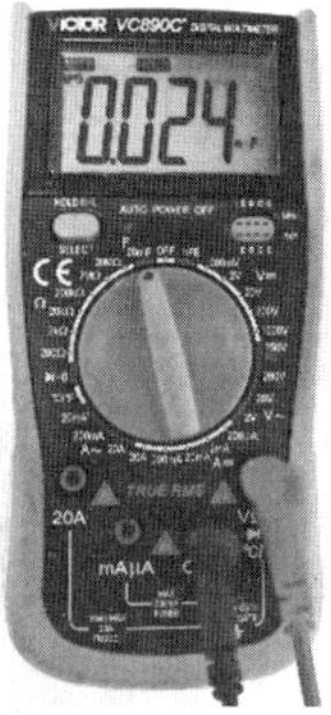	将功能旋钮开关打至电容挡“F”挡位
测量电容		将万用表表笔搭接在电容器两个引脚上，读出显示屏上的数字，即为电容器的容量值。若显示“0.000”，则说明电容器开路；若无数值显示，则说明电容器短路

表 5-5　常用电感器的外形与符号

种类	实物图	图形符号	说明
电源变压器		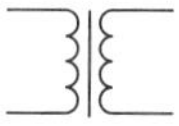	变压器是变换电压、电流和阻抗的器件
电感线圈			在交流电路中作阻流、降压、负载用。与电容配合可以作调谐、滤波等用

2. 电感器的参数

电感器的常见参数如图 5–3 所示，参数的说明见表 5–6。

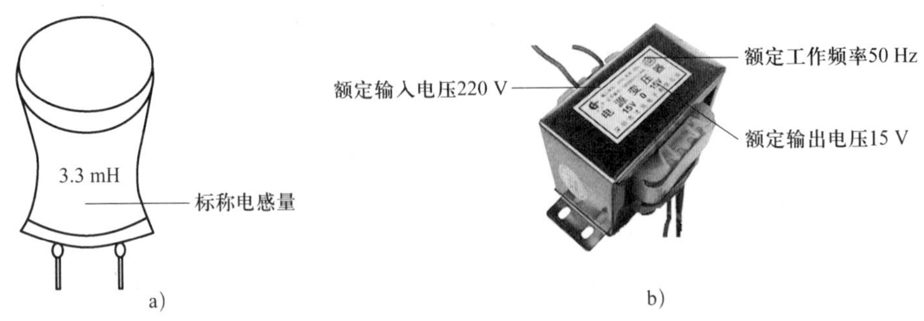

图 5–3　电感器的常用参数

a）电感器　b）变压器

表 5–6　电感器的参数说明

参数	说明
标称电感量	标称电感量是指电感器上标注的电感量的大小，表示了线圈本身的固有特性，即储存磁能的本领。本电感器的标称电感量为 3.3 mH
变压器额定工作电压	变压器额定工作电压分为额定输入电压和额定输出电压。本变压器的额定输入电压为 220 V，额定输出电压为 15 V
额定工作频率	本变压器的额定工作频率为 50 Hz
额定功率	是指变压器在规定的频率和电压下，长期工作而不超过规定温度的最大输出功率，单位为伏安（V·A）。小功率的变压器有时不予标出

3. 电感器的检测

电感器常见的故障有短路、断路等。对电感器进行检测时，可首先通过直观检测法观察电感器外观是否有变色、变形等现象，然后使用万用表对电感器进行测量，判断其性能的好坏。具体检测方法见表 5–7。

表 5–7　电感器的检测方法

检测步骤	图示	判断说明
挡位选择		一般电感线圈铜线的直流阻抗很小，基本上接近短路。所以，用数字万用表检测电感器时可根据这一特点选择电阻的较低挡，以测量其通 / 断的方法来判断好坏。将数字万用表挡位扳到“二极管蜂鸣挡”的量程挡

续表

检测步骤	图示	判断说明
测量电感		用数字万用表的两表笔分别接电感器两端，当测得线圈直流电阻无穷大时，表明线圈内部或引出端已断路；当测得线圈直流电阻远小于正常值时，表明线圈局部短路

四、半导体二极管

1. 二极管的单向导电性

半导体二极管简称二极管，是电子电路中基本的半导体器件之一，常见二极管的外形如图 5-4a 所示，它有两只管脚，一只管脚为正极（+），另一只管脚为负极（-）。二极管的图形符号如图 5-4b 所示，字母代码为 R（RA）。

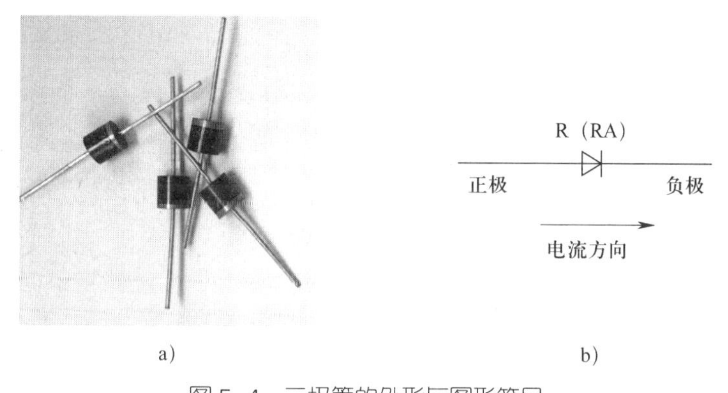

图 5-4　二极管的外形与图形符号

a）外形　b）图形符号

二极管最主要的特性是具有单向导电性，可以通过实验加以说明，见表 5-8。

2. 常见二极管

按制作材料不同，二极管主要分为硅二极管和锗二极管。

按用途不同，二极管主要分为普通二极管、整流二极管、开关二极管、稳压二极管、热敏二极管、发光二极管、光敏二极管、变容二极管等。

常见二极管的外形与符号见表 5-9。

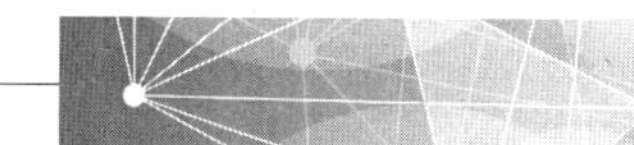

表 5-8 二极管的单向导电性实验

实验电路	实验条件	实验现象	结论
RA1 RA2 GB EA	反向连接（正极接低电位，负极接高电位）	灯不亮	当二极管承受反向电压时不导通，称为反向截止状态
RA1 RA2 GB EA	正向连接（正极接高电位，负极接低电位）	灯亮	当二极管承受正向电压时导通，称为正向导通状态

表 5-9 常见二极管的外形与符号

名称和型号	实物图	符号	说明
整流二极管 2CZ 系列			多用于整流电路，利用二极管的单向导电性，将交流电转变成直流电
稳压二极管 2CW 系列			利用其反向击穿电压，使稳压二极管两端呈现稳定的电压。多用于为电路提供稳定的基准电压
发光二极管 FG 系列			将电能转换成光能的半导体元件。多用于电路通、断工作指示

二极管导通后其正向压降几乎不随流过的电流大小而变化，硅二极管的正向压降约为 0.7 V，锗二极管的正向压降约为 0.3 V。

二极管反向截止时，仍有很小的反向电流。在一定范围内，即使反向电压增大，反向电流也基本保持不变，所以此电流称为反向饱和电流。反向饱和电流值越小，说明二极管的单向导电性越好。

当反向电压增加到某一数值时，反向电流急剧增大，这种现象称为反向击穿，这时的电压称为反向击穿电压。

3. 二极管的检测

用万用表可以判别二极管的管脚极性和二极管的好坏，具体方法见表 5-10。

表 5-10　二极管的检测方法

检测方法	图示	判断说明
挡位选择	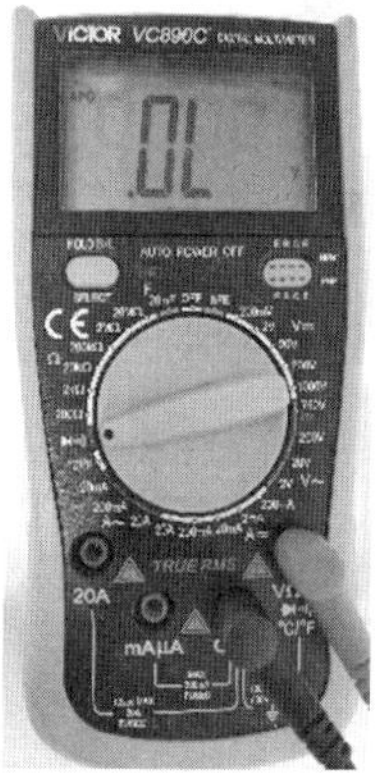	首先把万用表黑表笔插入“com”端，红表笔插入“VΩ”端，红表笔相当于是电池的正极，黑表笔相当于是电池的负极。将挡位扳到“二极管蜂鸣挡”
测量二极管正负极		将万用表黑、红两表笔分别接至二极管的两个管脚，若一次测得的电压值为 0.48 V 左右，另一次为“OL”，则第一次测量时红表笔接的是二极管的正极，黑表笔接的是二极管的负极
测量二极管好坏	 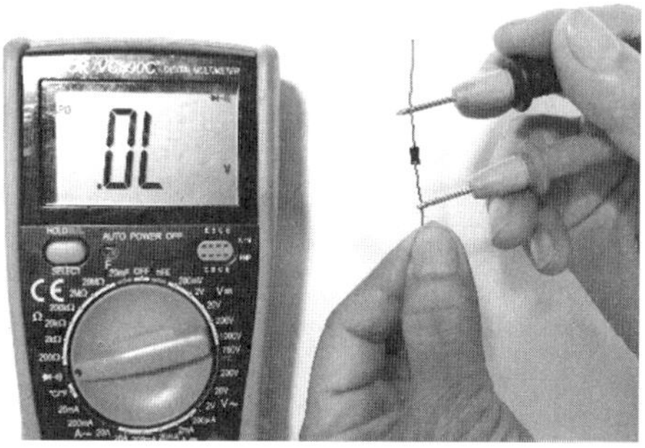	如果两次测量都显示“OL”，说明二极管开路；如果都接近于零，说明二极管已经击穿

五、半导体三极管

1. 半导体三极管的外形与符号

半导体三极管简称三极管。它有三只管脚，分别为基极（B）、集电极（C）、发射极（E），具有电流放大作用。按其导电极性可将三极管分为 NPN 型和 PNP 型两种类型。常见三极管的外形与符号见表 5–11，其字母代码是 K（KF）。

表 5–11　常见三极管的外形与符号

种类	名称和型号	实物图	图形符号	说明
塑料封装	塑料封装小功率管（3DG 系列和 3CG 系列）		NPN 型	1. 型号说明 3DG 系列表示 NPN 型高频小功率三极管 3CG 系列表示 PNP 型高频小功率三极管 3DD 系列表示 NPN 型低频大功率三极管 3CD 系列表示 PNP 型低频大功率三极管 2. 符号说明 集电极 (C) 基极 (B) 发射极 (E) 发射极箭头方向为电流方向
	塑料封装大功率管（3DD 系列和 3CD 系列）			
金属封装	金属封装大功率管（3DD 系列和 3CD 系列）		PNP 型	

2. 三极管的电流放大作用

如图 5–5 所示为三极管基本放大电路，I_B 流经的回路称为输入回路，I_C 流经的回路称为输出回路，两个回路的公共端是三极管的发射极 E，所以上述电路称为共发射极放大电路，简称共射电路。

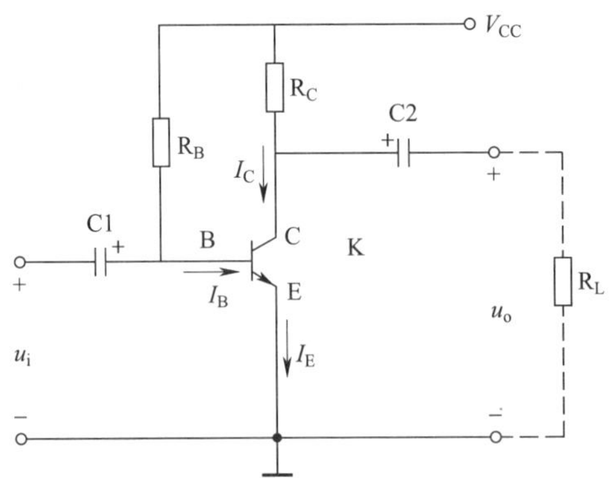

图 5–5　三极管基本放大电路（共发射极放大电路）

三极管各极电流的关系为：

$$I_E=I_B+I_C$$

I_C 与 I_B 之比称为三极管的共射直流电流放大系数，用 β 表示，即：

$$\beta=\frac{I_B}{I_C}$$

3. 三极管的工作状态

三极管有三种工作状态，不同的工作状态对应着不同的工作条件。在模拟电子电路中，三极管大多工作在放大状态，作为放大管使用；在数字电路中，三极管大多工作在饱和或截止状态，作为开关管使用。三极管工作状态与工作条件的关系（以 NPN 管为例）见表 5–12。

表 5–12　三极管工作状态与工作条件的关系

实验电路	工作条件	工作状态
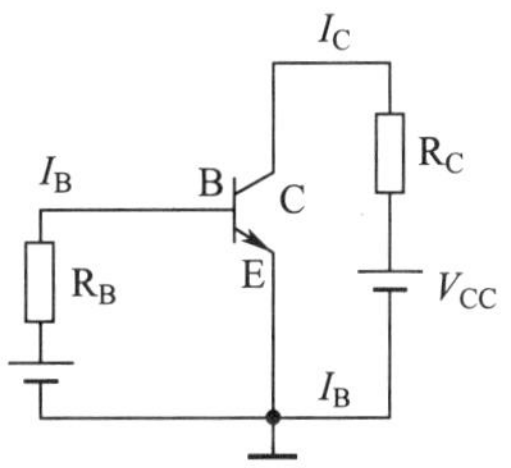	若 $V_C>V_B>V_E$， 并且 $U_{BE}=0.7$ V	三极管工作在放大状态 $I_C=\beta I_B$ $I_E=I_B+I_C$
	若 $V_B>V_E$，$V_B>V_C$	三极管工作在饱和状态
	若 $V_B<V_E$	三极管工作在截止状态

4. 三极管的检测

用万用表可以判别三极管的三个管脚，检测方法见表 5–13。

表 5–13　三极管的检测方法

检测方法	图示	判断说明
挡位选择		将万用表挡位扳到“二极管蜂鸣挡”

续表

检测方法	图示	判断说明
判断管型和基极	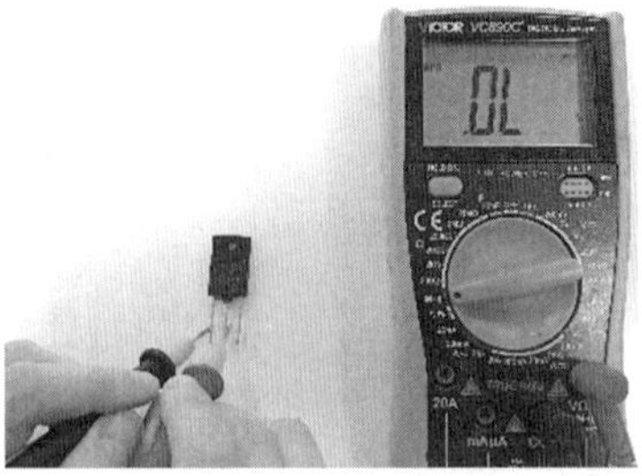 	假设三极管的任意一管脚为基极，把黑表笔接在假设的基极上，红表笔分别接另外两只管脚，如果两次都有导通电压显示，则该管为 PNP 型，且黑表笔接的是基极。把红表笔接在假设的基极上，黑表笔分别接另外两只管脚，如果两次都有导通电压显示，则该管为 NPN 型，红表笔接的是基极。若两次测量都无电压显示，应互换一下表笔测量
判断集电极	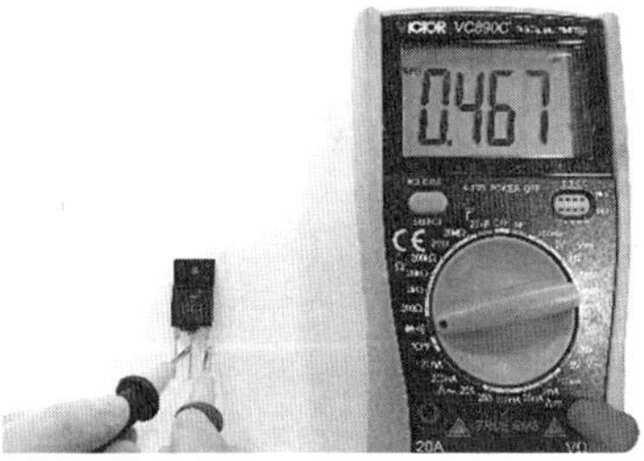	当分别测量基极与集电极、发射极间电压时，电压值大一点的是发射极，电压值小一点的是集电极

六、晶闸管

晶闸管是硅晶体闸流管的简称，是一种可控制的硅整流器件，也称为可控硅（SCR）。晶闸管是一种大功率半导体器件，广泛应用于可控整流、无触点开关、交流调压、电动机速度控制等。

1. 晶闸管的外形和符号

晶闸管的外形有塑封式（小功率）、平板式（中功率）和螺栓式（中、大功率）几种，如图 5–6a 所示。它有三个极：阳极（A）、阴极（K）和控制极（G）。如图 5–6b 所示为普通（单向）晶闸管的图形符号，它是在二极管符号的基础上又增加了一个控制极，表示其特性相当于一只带有控制端的特殊二极管。晶闸管的字母代码是 Q（QA）。

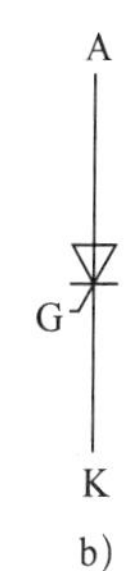

a)　　b)

图 5-6　晶闸管的外形与图形符号

a）外形　b）图形符号

2. 晶闸管的工作特性

晶闸管的工作特性可通过实验加以说明（见图 5-7）。图中晶闸管阳极 A、阴极 K、灯泡 EA 和电源 GB1 构成主回路；控制极 G、阴极 K、开关 SF、电阻 RA 和电源 GB2 构成控制回路。观察实验现象，可以发现晶闸管工作有以下特点。

（1）正向阻断。如图 5-7a 所示，晶闸管加正向电压，而 SF 断开，控制极不加正向电压时，灯不亮。这种状态称为正向阻断。

（2）触发导通。如图 5-7b 所示，晶闸管的阳极和阴极之间加正向电压后，闭合开关 SF，使控制极和阴极之间也加上正向电压（称为触发电压），这时灯亮，说明晶闸管已导通。这种状态称为触发导通。

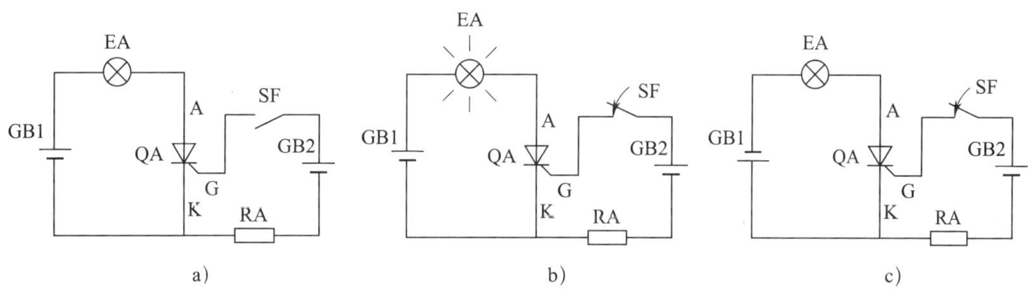

图 5 7　晶闸管特性实验

a）正向阻断　b）触发导通　c）反向阻断

（3）维持导通。晶闸管导通后，维持阳极电压不变，断开触发电压（断开开关 SF），灯仍亮，说明晶闸管仍然导通。这种状态称为维持导通。

（4）反向阻断。如图 5-7c 所示，晶闸管加反向电压，这时不论是否加控制电压，也不论控制极所加电压是正向电压还是反向电压，灯都不亮，晶闸管都不导通。这种状态称为反向阻断。

从上述实验可以看出，晶闸管导通必须同时具备两个条件：晶闸管阳极电路加正向电压；控制极电路加适当的正向电压。实际工作中，控制极加正触发脉冲信号，通常称其为门极触发电压。

晶闸管是一个半可控的单向导电开关。晶闸管导通以后，门极即失去控制作用。要使晶闸管关断，必须做到两点：一是将阳极电流减小到小于其维持电流；二是将阳极电压减小到零或使电压反向。

知识拓展

集成电路

集成电路是一种微型电子器件，在电路中用字母IC表示。相比于分立器件的电子电路而言，集成电路把一个电路中所需的晶体管、电阻、电容和电感等元件及布线互连在一起，制作在一小块或几小块半导体晶片或介质基片上，然后封装在一个管壳内，成为具有所需电路功能的微型结构，如图5-8所示。集成电路中所有元件在结构上组成一个整体，使电子元件向着微小型化、低功耗、智能化和高可靠性方面迈进了一大步。

图5-8　集成电路

集成电路具有体积小，重量轻，引出线和焊接点少，使用寿命长，可靠性高，性能好等优点，同时成本低，便于大规模生产。它不仅在工、民用电子设备，如收录机、电视机、计算机等方面得到广泛的应用，还在军事、通信、遥控等方面发展迅速。用集成电路来装配电子设备，其装配密度可比晶体管提高几十至几千倍，设备的稳定工作时间也可大大延长。

思考与练习

一、填空题

1. 电感器一般可分为__________和__________。

2. 二极管有两只引脚，一只引脚称为__________，另一只引脚称为__________。

3. 晶体三极管有__________、__________和__________三种工作状态。

4. 晶闸管有三个极，分别是__________、__________和__________。

二、判断题

1. 通常大功率电阻的标称阻值多采用色标法标注。 （ ）

2. 用万用表检测三极管的引脚极性，NPN 型和 PNP 型三极管的检测方法都一样，只需将万用表的表笔对调即可。 （ ）

3. 在数字电路中，三极管大多工作在饱和或截止状态。 （ ）

4. 晶闸管是一种全控型器件，可以通过控制信号控制它的导通，也可以通过控制信号控制它的关断。 （ ）

三、简答题

1. 晶闸管导通的条件是什么？

2. 怎样才能使导通的晶闸管关断？

第 2 节 简单电子线路

一、直流稳压电源

人们日常使用的收音机、录音机、手机等许多电子产品都需要采用直流电源供电，但插座提供的却是 220 V 的交流电压，这就需要有一个转换电路来实现交流到直流的转换。这个交－直流转换电路称为直流稳压电源，其电路由电源变压器、整流电路、滤波电路和电子稳压电路四部分组成，如图 5–9 所示。

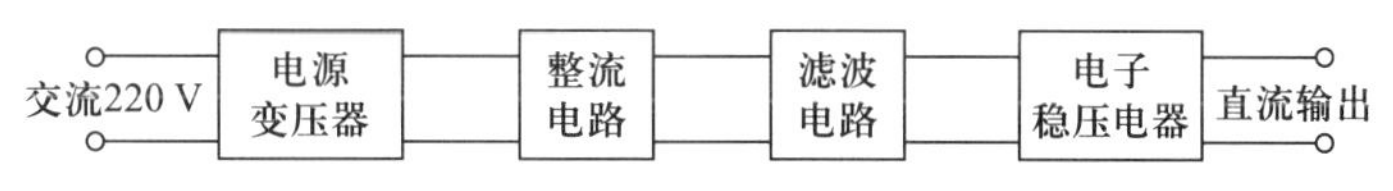

图 5–9 直流稳压电源的组成

1. 电源变压器

电源变压器是一个降压变压器，其作用是将交流 220 V 的供电电压，变为所需要的交流电压。

2. 整流电路

利用二极管的单向导电性将交流电转换为直流电称为整流，一般可分为半波整流电路、全波整流电路和桥式整流电路。

（1）单相半波整流电路。单相半波整流电路的电路图如图 5–10a 所示。

设变压器的二次侧电压为 u_2，在 u_2 的正半周，A 端为正，B 端为负，二极管在正向电压的作用下导通，若忽略二极管导通时的管压降，则负载 R_L 两端的电压 $u_o=u_2$。在 u_2 的负半周，变压器二次侧 A 端为负，B 端为正，则二极管承受反向电压而截止，负载两端的电压 u_o 为零。随着 u_2 的变化，负载上就得到如图 5–10b 所示的电压波形。这种整流电路只利用电源电压 u_2 的半个周期，所以称为半波整流。

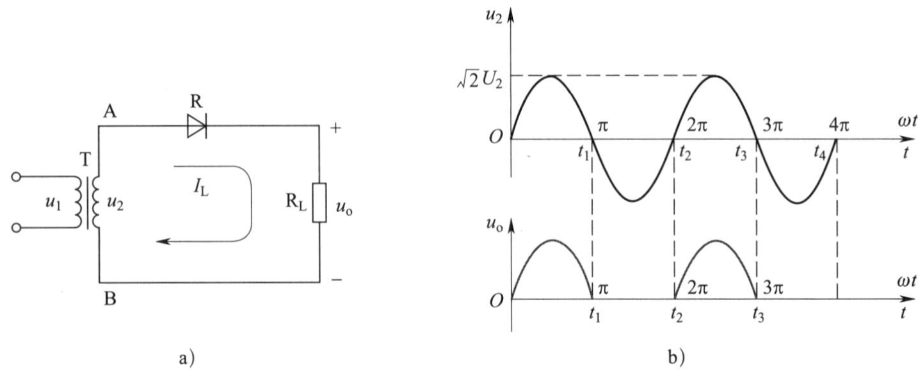

图 5–10　单相半波整流电路

a）电路图　b）波形图

半波整流电路在负载上得到的电压方向不变，但大小波动，是一种脉动直流电。负载获得的脉动直流电压在输入交流电压的一个周期内的平均值用 U_o 表示，则：

$$U_o=0.45U_2$$

流过负载 R_L 的直流电流平均值为：

$$I_o=\frac{U_o}{R_L}=0.45\frac{U_2}{R_L}$$

（2）单相桥式整流电路。半波整流电路结构简单，但电源利用率低，负载上电压波动大。实际应用最广的是桥式整流电路，由变压器 T、四个整流二极管 R1 ~ R4 和负载电阻器 R_L 组成，如图 5–11a 所示。

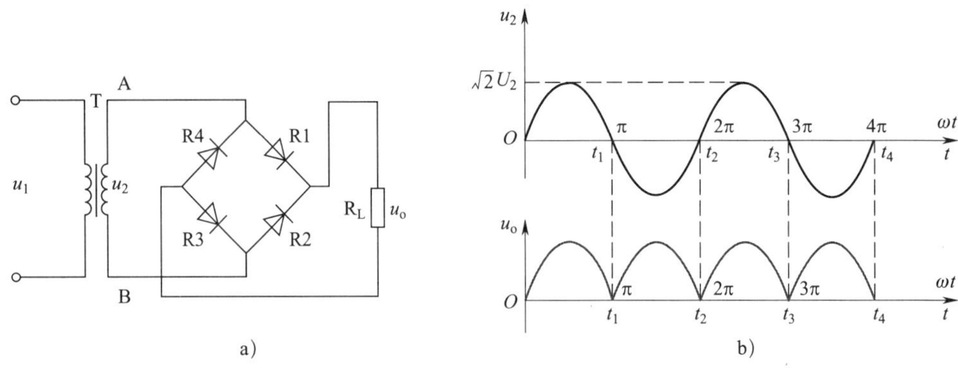

图 5–11　单相桥式整流电路

a）电路图　b）波形图

整流变压器 T 先将交流 220 V/50 Hz 的电网电压 u_1 变换成所需要的较低的交流电压 u_2。当 u_2 为正半周时，A 端为正，B 端为负，二极管 R1、R3 因正偏而导通，R2、R4 因反偏而截止，电流从 A 点经过 R1、R_L、R3 至 B 点，构成回路，在负载电阻器 R_L 上得到上正下负的电压。

当 u_2 为负半周时，B 端为正，A 端为负，二极管 R2、R4 因正偏而导通，R2、R3 因反偏而截止，电流从 A 点经过 R2、R_L、R4 至 A 点，构成回路，在负载电阻器 R_L 上得到上正下负的电压。

可见，在交流电压 u_2 的正半周、负半周期间，负载电阻器 R_L 上都有电流通过，负载两端都有电压输出。负载电阻器 R_L 上电压的波形如图 5-11b 所示。负载上得到的直流电压和电流的平均值比单相半波整流提高了 1 倍，即：

$$U_o=0.9U_2$$

流过负载 R_L 的直流电流平均值为：

$$I_o=\frac{U_o}{R_L}=0.9\frac{U_2}{R_L}$$

桥式整流电路具有变压器利用率高、输出平均直流电压高、脉动小等优点，所以得到广泛应用。将几个整流元件按某种整流方式通过一定工艺做成一体，称为整流桥，常用的是代替四只整流二极管的桥式整流堆，如图 5-12a 所示。其在电路中的简化画法如图 5-12b 所示，它有四只引脚，1、3 引脚为交流输入端，2、4 引脚为整流输出端。在电路中用字母代码 T（TB）表示。

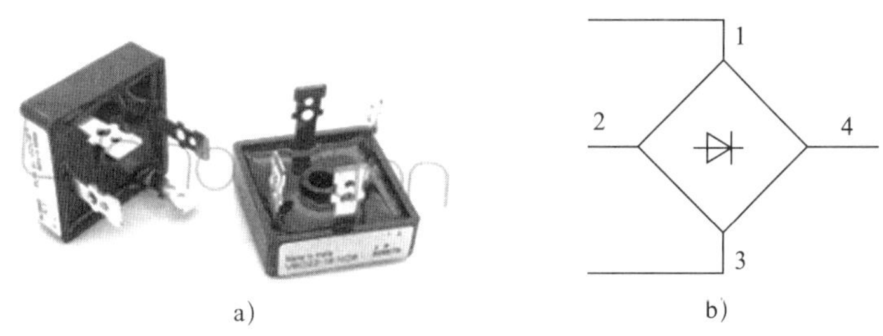

a) b)

图 5-12 整流桥

a）实物图 b）简化画法

3. 滤波电路

整流电路输出的直流电仍含有较多脉动成分，因此还需要滤波电路。把脉动直流电变成平稳的直流电的过程称为滤波。通常的滤波电路由电容、电感等元件组成。

如图 5-13 所示是一种由滤波电容组成的简单滤波电路，其中滤波电容与负载并联，利用电容的储能作用，将整流电路输出的脉动直流电变为平稳的直流电。

当电源供给的电压升高时，电源的部分能量供给负载，部分能量由电容器储存起来；当电源供给的电压降低时，电容器就把储存的能量释放出来供给负载，从而抑制了电容器两端电压的变化，使负载两端的电压变得比较平稳，脉动成分减小，实现滤波作用。

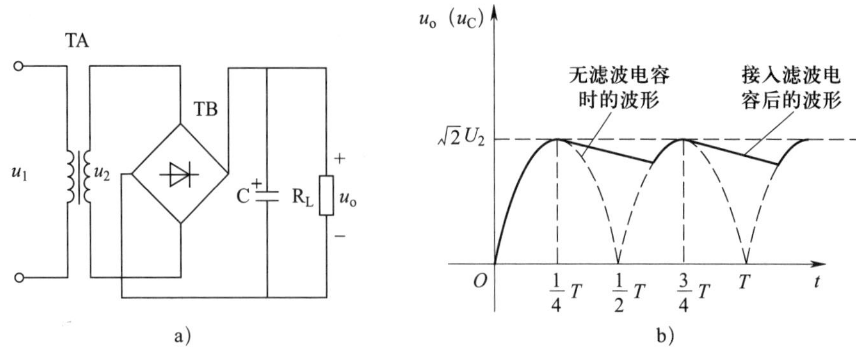

图 5-13 滤波电路

a）电路图 b）输出波形

采用电容滤波后，负载上的直流电压升高为：

$$U_o \approx 1.2U_2$$

电容滤波比较适合小功率的负载，大功率整流电路多采用电感滤波电路，有时根据需要，还可以用电容和电感组合成复合滤波电路，以增强滤波效果。

4. 稳压电路

交流电压经过整流、滤波后，虽然已经由交流电转变为直流电，但是输出电压会随着电网电压的波动而波动，或随着负载电阻的变化而变化。因此，为了获得稳定的直流电压，必须采取稳压措施。

常用的稳压电路有稳压管稳压电路、集成稳压电路和串联型电子稳压电路等。

（1）稳压管稳压电路。稳压管稳压电路的基本元件是稳压二极管。稳压二极管外形与普通二极管相似，不同之处在于反向击穿电压可根据需要制成不同规格，当稳压管反向击穿时，只要控制反向电流不要太大，稳压管就可以长时间工作在反向击穿区。由稳压管和限流电阻组成的稳压电路如图 5-14 所示。

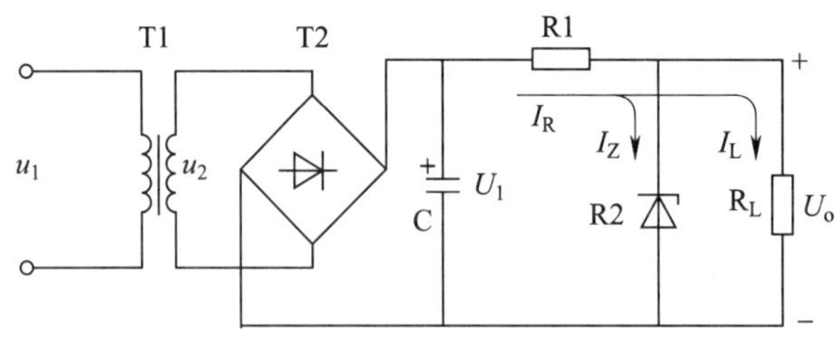

图 5-14 由稳压管和限流电阻组成的稳压电路

若 U_o 略有升高，因稳压管工作在反向击穿区，所以其电流 I_Z 将显著增大，流经电阻 R1 的电流 I_R 也随之增大，R1 上的电压降也会增大，使 U_o 减小，基本恢复到原来的稳定值。若 U_o 降低，将出现与上述相反的调节过程使 U_o 升高，重新恢复稳定。

稳压管稳压电路结构简单，成本低，但输出电流较小，稳定性也较差，只适用于功率较小且要求不高的负载。

（2）集成稳压电路。用集成电路的形式制成的稳压电路称为集成稳压器。由于它使用方便，性能可靠，安装调试方便，目前已基本取代了分立元件稳压电路。

集成稳压器中以三端固定式集成稳压器应用最广。三端固定式集成稳压器有三只引脚，如图 5-15 所示，分别是电压输入端、电压输出端、公共接地端。常用的三端固定式集成稳压器有 78×× 系列和 79×× 系列。78×× 系列输出固定的正电压，79×× 系列输出固定的负电压，它们的引脚功能有很大不同，在 78×× 系列中，1 为输入端、2 为公共端、3 为输出端；在 79×× 系列中，1 为公共端、2 为输入端、3 为输出端。安装时要注意区分，避免接错。

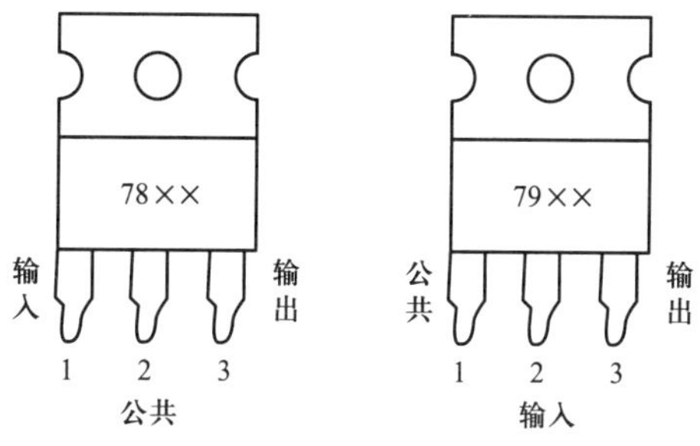

图 5-15　三端固定式集成稳压器

集成稳压器的使用比较简单，基本接线方法如图 5-16 所示。其中电容 C1 用以减少纹波电压，C2 用以改善负载的瞬时特性。输出端输出的电压 U_o 就是稳定的直流电压。

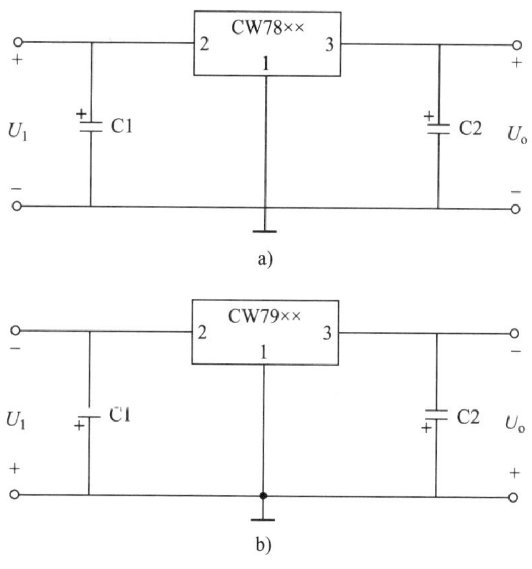

图 5-16　集成稳压器的基本接线方法

a）CW78×× 系列三端集成稳压器　b）CW79×× 系列三端集成稳压器

知识拓展

三端可调式集成稳压器

如果要求输出直流电压在一定范围内可以调节，可选用三端可调式集成稳压器，

它的三端分别为电压输入端、电压输出端和电压调整端。比较典型的产品有输出正压的CW117/CW217/CW317 系列及输出负压的 CW137/CW237/CW337 系列，它们的输出电压可在 ±（1.2 ~ 37）V 间连续调节。三端可调集成稳压器的基本接线方法如图 5-17 所示，图中 R、RP 是取样电阻，调节 RP 即可在允许范围内调节输出电压的值。

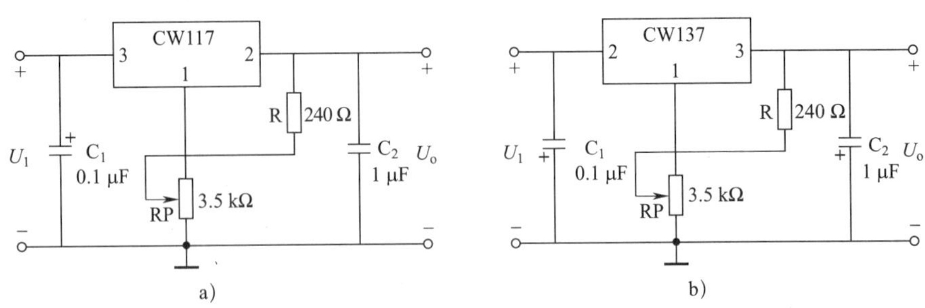

图 5-17　三端可调集成稳压器的基本接线方法

a）输出可调正电压　b）输出可调负电压

二、晶闸管整流电路

晶闸管整流电路可以在输入交流电压不变的情况下，方便地改变输出直流电压的大小，实现可控整流，得到可调节的直流电压。晶闸管整流电路具有体积小、质量轻、效率高、控制方便等优点，目前已在多数场合取代直流发电机组，用作直流调速装置的电源，广泛用于机床、轧钢、造纸、电解、电镀、光电、励磁等领域。

为方便起见，本节只分析负载为电阻性负载的情况，且认为变压器为理想变压器，晶闸管为理想管（即晶闸管被触发导通时，等效电阻为零；加反向电压未触发时，等效电阻为无穷大）。

1. 单相半波可控整流电路

将单相半波整流电路中的二极管换成晶闸管，即得到单相半波可控整流电路，如图 5-18 所示。

把晶闸管从开始承受正向电压到触发导通的电角度称为控制角，用 α 表示。

u_2 为正半周（即 0 ~ π）时，晶闸管 Q 承受正向电压，如果 Q 的门极上没有触发脉冲，晶闸管处于正向阻断状态，输出电压 u_L=0；若在控制角为 α 时，加入触发脉冲 u_g，晶闸管导通。在 $\omega t=\alpha$ ~ π 期间，尽管触发脉冲消失，但晶闸管仍保持导通，直到 u_2 过零（$\omega t=\pi$）时，通过晶闸管 Q 的电流小于维持电流，晶闸管自行关断。在此期间 $u_L=u_2$，极性为上正下负。

u_2 为负半周（即 $\omega t=\pi$ ~ 2π）时，晶闸管 Q 由于承受反向电压而继续关断，直到下一个周期时，再施加触发脉冲 u_g，晶闸管将再次导通，如此循环往复，在负载上得到脉冲直流电压，如图 5-18b 所示。

晶闸管在一个周期内导通的电角度称为导通角，用 θ 表示，$\theta=\pi-\alpha$，控制角 α 越大，导通角 θ 越小。

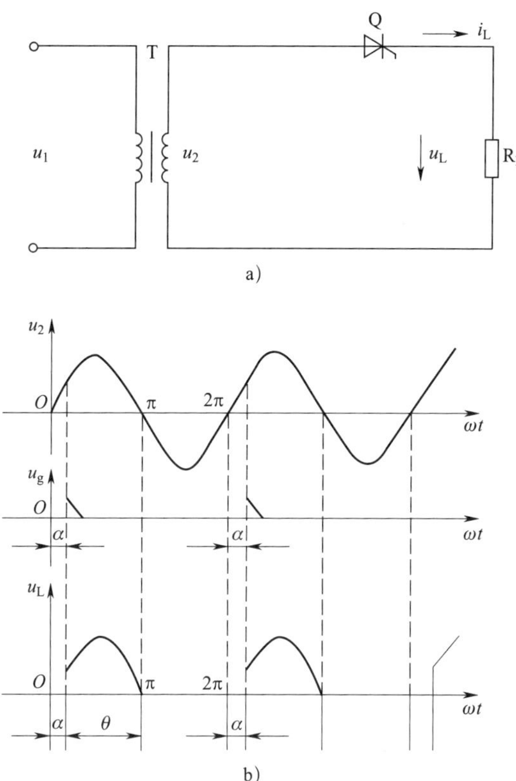

图 5-18 单相半波可控整流电路

a）电路图 b）波形图

可见，改变控制角 α 的大小，即改变触发脉冲在每周期内触发的时刻，输出电压 u_L 的波形也随之改变，且其波形只出现在正半周：当 $\alpha=0°$ 时，导通角 $\theta=180°$，输出电压波形与单相半波整流电路相同，输出电压最大；当 α 增大时，输出电压减小；当 $\alpha=180°$ 时，导通角 $\theta=0°$，$u_L=0$。控制角 α 的变化范围称为移相范围，显然单相半波可控整流电路的移相范围为 0° ~ 180°。

单相半波整流电路输出电压的平均值为：

$$U_L=0.45U_2\frac{1+\cos\alpha}{2}$$

负载电流平均值为：

$$I_L=\frac{U_L}{R_L}$$

单相半波可控整流电路简单，调整方便，但整流输出电压脉动大、设备利用率不高，只适用于对直流电压要求不高的小功率可控整流设备。

2. 单相半控桥式整流电路

将单相桥式整流电路中两只整流二极管换成两只晶闸管，便组成了单相半控桥式整流电路，如图 5-19 所示。

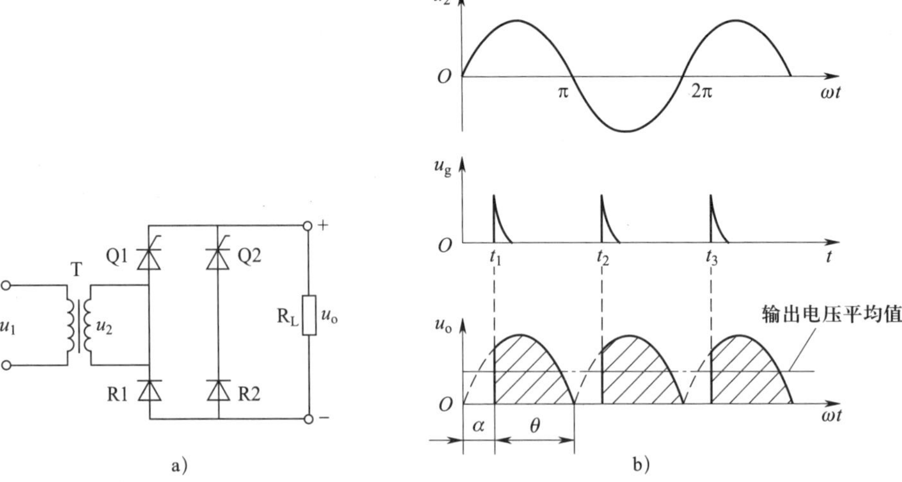

图 5-19　单相半控桥式整流电路

a）电路图　b）波形图

（1）u_2 为正半周时，晶闸管 Q1 和二极管 R2 承受正向电压，如果这时未加触发电压，则晶闸管处于正向阻断状态，输出电压 u_o=0。

（2）在 t_1 时刻（$\omega t=\alpha$）加入触发脉冲 u_g，晶闸管 Q1 触发导通，二极管 R2 也承受正向电压导通。

（3）在 $\omega t=\alpha$ ～ π 期间，尽管触发脉冲 u_g 已消失，但晶闸管仍保持导通，直至 u_2 过零（$\omega t=\pi$）时，晶闸管才自行关断，在此期间 $u_o=u_2$，极性为上正下负，如图 5-19b 所示。

（4）u_2 为负半周时，晶闸管 Q2 和二极管 R1 承受正向电压，在触发脉冲 u_g 到来时，晶闸管 Q2 和二极管 R1 导通，输出电压 $u_o=u_2$，负载上得到的仍为上正下负的电压。

可见，改变触发脉冲输入的时刻，即可改变控制角 α 的大小和导通角 θ 的大小，负载 R_L 上的电压平均值也随之改变，从而达到可控整流的目的。

单相半控桥式整流电路输出电压的平均值为：

$$U_L=0.9U_2\frac{1+\cos\alpha}{2}$$

负载电流平均值为：

$$I_L=\frac{U_L}{R_L}$$

与单相半波可控整流电路相比，单相半控桥式整流电路的整流输出电压较大，脉动较小，设备利用率较高，所以应用较广。

3. 晶闸管交流调压电路

利用两只晶闸管反向并联，可以实现交流调压，如图 5-20 所示。两只反向并联晶闸管在电源电压的正、负半周内轮流触发导通，输出电压波形如图 5-20b 所示。调节触发脉冲的控制角便可实现交流调压，可用于风扇调速、灯具调光及电热炉的恒温控制。

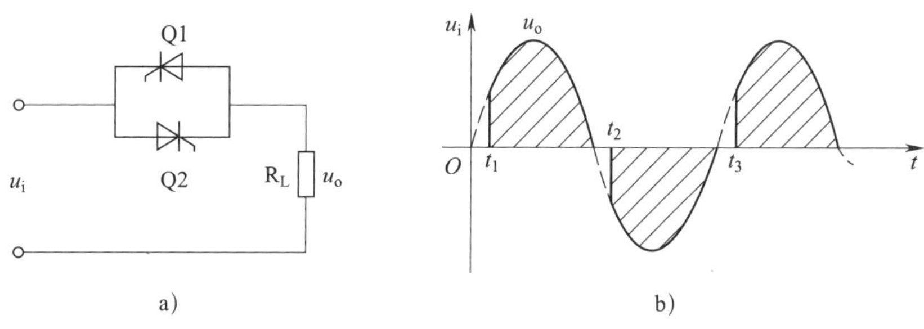

图 5-20　晶闸管交流调压电路

a）电路图　b）波形图

实际的交流调压电路多用双向晶闸管（也称为双向可控硅）代替两只晶闸管来实现控制。双向晶闸管实质上是在同一块硅晶体上集成了两只反向并联的晶闸管，具有正、反向都能控制导通的特点，并且具有触发电路简单、工作稳定可靠等优点，因此在无触点交流开关电路中广泛应用。

双向晶闸管也有三个电极，除门极 G 以外的两个电极统称为主电极，分别用 T1、T2 表示，不再划分成阳极和阴极。如图 5-21 所示为双向晶闸管的外形与图形符号，字母代码用 Q（QA）表示。

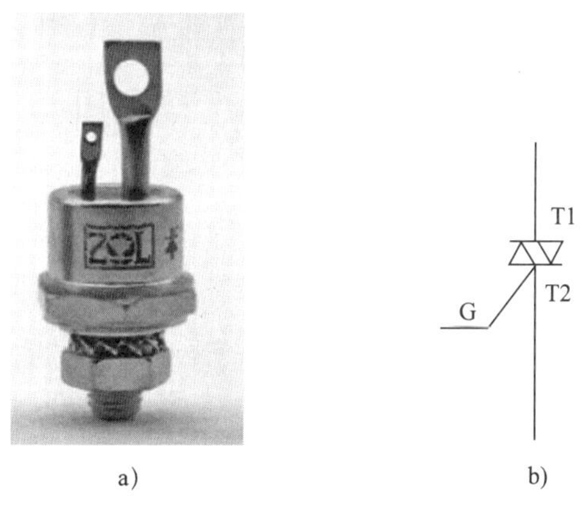

图 5-21　双向晶闸管的外形与图形符号

a）外形　b）图形符号

双向晶闸管调压电路如图 5-22 所示，R2 为双向二极管（也称触发二极管），其结构相当于把两只二极管反向并联，当所加正、反向电压达到其导通电压（通常为 20 ~ 80 V）时导通，为双向晶闸管 Q 提供触发脉冲。

开关 S 闭合后，如果电源电压为上正下负，交流电经 E、RP、R1 对电容 C 充电，电容 C 上的电压极性为上正下负，当 C 上的电压上升到双向二极管的导通电压时，双向二极管 R2 正向导通，双向晶闸管得到一个正向触发信号后也导通，直至交流电压过零，晶闸管关断。

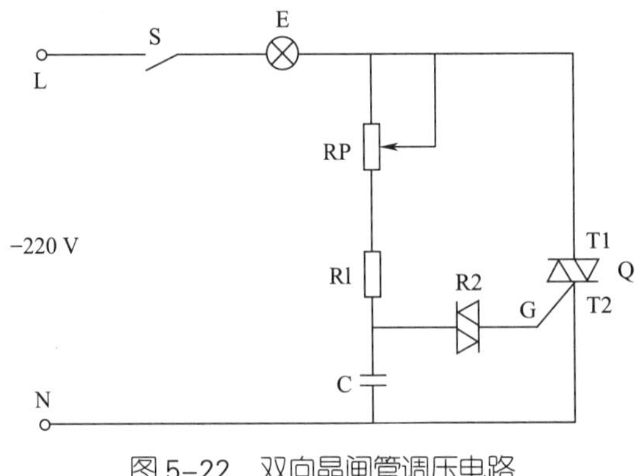

图 5–22　双向晶闸管调压电路

当电源电压为上负下正时，电容 C 反向充电，电压极性为上负下正，当该电压增大到双向二极管的导通电压时，R2 反向导通，晶闸管再次触发导通。改变 RP 可调节交流输出电压，调大 RP 值，电容 C 充电速度变慢，晶闸管导通时间变短，交流输出电压变小；反之，交流输出电压变大，从而达到交流调压的目的。

思考与练习

一、填空题

1. 直流稳压电源电路由＿＿＿＿＿＿、＿＿＿＿＿＿、＿＿＿＿＿＿和＿＿＿＿＿＿四部分组成。

2. 利用二极管的＿＿＿＿＿＿将交流电变换为直流电，称为整流。

3. 把脉动直流电变成平稳的直流电的过程称为＿＿＿＿＿＿。

4. 常用的直流稳压电路有＿＿＿＿＿＿稳压电路、＿＿＿＿＿＿稳压电路和串联型电子稳压电路等。

5. 常用的三端固定式集成稳压器有 78×× 系列和 79×× 系列，78×× 系列输出固定的＿＿＿＿＿＿电压，79×× 系列输出固定的＿＿＿＿＿＿电压。

6. 双向晶闸管也有三个电极，除门极 G 以外的两个电极统称为＿＿＿＿＿＿。

7. 单相半波可控整流电路中，控制角的移相范围为＿＿＿＿＿＿。

二、选择题

1. 整流得到的直流电压采用电容滤波后，负载电阻上的直流电压会（ ）。

A. 升高 B. 降低 C. 不变 D. 不确定

2. 整流的目的是（ ）。

A. 将交流变为直流 B. 将高频变为低频

C. 将正弦波变为方波 D. 放大输出功率

3. 在单相桥式整流电路中，若有一只整流二极管接反，则（ ）。

A. 输出电压约为原来的 2 倍 B. 变为半波直流

C. 整流二极管将因电流过大而烧毁 D. 不影响电路正常工作

4. 直流稳压电路中滤波电容的作用是（ ）。

A. 将交流变为直流 B. 将高频变为低频

C. 将输出电压中的交流成分滤掉 D. 降低输出电压

三、判断题

1. 整流电路可将正弦交流电压变为脉动的直流电压。（ ）

2. 在单相桥式整流电容滤波电路中，若有一只整流二极管断开，则输出电压平均值变为原来的一半。（ ）

3. 双向晶闸管主要用于调节输出直流电压的大小。（ ）

4. 单相半波整流电路中，控制角越大，输出直流电压越高。（ ）

四、简答题

1. 画出单相桥式整流电路的电路图。

2. 什么是晶闸管的导通角？它和控制角的关系是什么？

3. 画出单相桥式可控整流电路的电路图。

4. 写出单相半控桥式整流电路输出电压的平均值和负载电流平均值的计算公式。